RENE QUINTON

1866-1925

DISCOURS

prononcés aux Obsèques

de

RENÉ QUINTON

le 13 Juillet 1925

1908

DISCOURS DE M. PAINLEVÉ

MADAME,

L'homme que vous pleurez ne laisse pas que dans votre cœur des douleurs inconsolables ; d'autres aussi en éprouvent aujourd'hui, que l'on ne peut songer un instant à comparer à votre immense, à votre inconsolable douleur, mais qui pourtant laissent dans le cœur une trace que rien ne saurait effacer.

René Quinton fut une des personnalités les plus fortes, les plus puissantes, les plus originales qu'il m'ait été donné de connaître. Un grand penseur a dit que le don suprême d'un homme, c'était la personnalité : de ce don René Quinton fut comblé. On pouvait se rebeller contre cette sorte d'esprit dominateur qui émanait de toute sa personne, on pouvait, au contraire, aimer passionnément tout ce qu'il y avait de généreux et de créateur en lui, mais personne ne pouvait être indifférent à René Quinton.

Il m'avait été donné de le connaître à un âge où le cœur s'ouvre difficilement à des amitiés nouvelles, tout semblait nous séparer, nos conceptions, nos philosophies, et pourtant,

5

en quelques semaines, se nouait entre nous une de ces affections viriles que rien ne peut atteindre, que rien ne peut dénouer. Je veux rappeler ici avec une profonde reconnaissance qu'à toutes les heures sombres de ma vie, à ces heures que l'on traverse quand on est mêlé aux choses publiques, si loin qu'il fût, j'étais sûr que René Quinton accourait et qu'il livrait bataille de toutes ses forces, de toute sa générosité.

Sa qualité maîtresse, c'était la volonté, une volonté supérieure, inspirée essentiellement de générosité, qu'il apportait dans tous les domaines, dans la recherche de la vérité, dans l'application de ses doctrines, comme dans tous les actes de sa vie.

Un héros !... Qui ne sait quel héros ce fut pendant la guerre, un héros vraiment digne d'une légende, un héros dont on pourrait écrire l'histoire comme un poème. Je me souviens, dans les heures de 1918, où il semblait que la patrie fût encore blessée jusqu'au cœur, je me souviens de ces quelques jours, — vous vous en souvenez, mon cher ami, Xavier Léon — où nous avons cru qu'il était tué ou qu'il avait disparu dans les rangs ennemis. Il avait voulu, avec sa batterie, tenir, tenir, tenir jusqu'au bout, à quelques centaines de mètres de l'ennemi. Il était rentré victorieux dans nos rangs, parce que c'était un héros.

Un héros, c'est un homme qui est toujours au-dessus de sa destinée. Dans tous les ordres d'activité, dans le domaine intellectuel comme dans cette œuvre admirable qu'il avait créée pour les petits enfants qu'il voulait arracher à la mort, il était un héros. Il était un héros pour la conquête de l'air.

Sa doctrine philosophique comme son élan naturel le poussaient vers ce mystérieux problème du vol : dans son rêve, dans son courage, il fut le premier à prévoir qu'un être animé, un être humain pourrait se maintenir dans l'air indéfiniment sans moteur. Malgré les railleries, dès le début de l'aviation, il fondait un prix maintenant conquis et dépassé. Il fut, dans tous les ordres de l'activité humaine, un précurseur.

6

Madame, nous savons que votre douleur est inconsolable, qu'elle ne veut, qu'elle ne peut pas être consolée ; nous savons qu'avoir perdu un tel compagnon, que l'avoir perdu brusquement, sans être même auprès de lui dans ces minutes où le stoïcien se révèle pleinement, c'est un chagrin de plus ajouté à l'effroyable douleur de la terrible séparation. Aussi avons-nous presque honte de parler de notre douleur, mais nous pouvons vous assurer que le souvenir de celui que vous pleurez restera vivant dans nos cœurs. Si vous me permettez de reporter sur votre personne la respectueuse amitié de tous ses amis qui sont ici, vous me permettrez de parler quelquefois de lui et, en songeant à sa vie, en songeant à l'exemple qu'il donne, de ne jamais perdre courage dans les moments difficiles.

I

DISCOURS DE M. MICHELIN

au nom du Comité Français de Propagande Aéronautique

Il n'y a pas encore six jours, — puisque cela se passait mardi dernier, en fin de journée, — je causais avec Quinton d'une question qui nous intéressait vivement tous deux.

Comme, au bout d'une heure et demie, nous n'avions pas fini, et qu'il était sept heures, Quinton me pria de revenir le soir même.

Nous avons donc recommencé à échanger nos idées pendant une bonne heure ; et j'allais le quitter, car je craignais de le fatiguer, lorsqu'un de ses amis — que je puis bien appeler un homme considérable, sans pour cela le compromettre — fit son entrée.

Quinton l'avait prié de venir pour lui exposer une situation grave et dangereuse pour le pays.

J'assistai alors à une séance que je n'oublierai de ma vie ; pendant une heure, Quinton nous fit, sur un sujet qui nous passionnait tous trois, car il s'agissait de défense nationale, une conférence absolument magistrale, qui m'a profondément ému et secoué.

9

Quelle largeur de vues ! Quelle claire vision des choses et des hommes, et surtout quel pur patriotisme !

Le lendemain, Quinton avait convoqué mon secrétaire et l'a retenu pendant près de deux heures. Ce dernier, en sortant, me disait : « Pourquoi cet homme si vivant, si actif, d'une intelligence si lucide, garde-t-il le lit ? Est-il vraiment malade ? »

Le soir même, cet homme avait une nouvelle crise plus terrible que les précédentes, et vingt-quatre heures après, il n'était plus !

Comment vous exprimer tout le bien que je pense de ce grand patriote ? Le mieux me paraît être de vous conter sa vie au cours de la Grande Guerre.

Comme il le disait lui-même : « Les paroles sont du vent ; seuls les actes doivent être considérés. » Des actes, Messieurs, en voici :

Lors de la déclaration de guerre, Quinton était capitaine d'artillerie de réserve. Il avait 47 ans 1/2. Rappelé à l'activité sur sa demande, il commanda la 4e batterie du 29e régiment d'Artillerie. Le 25 mars 1919, il était nommé lieutenant-colonel, à titre définitif. Démobilisé le 3 juillet, nommé commandeur de la Légion d'honneur.

Il prit part aux batailles suivantes :

En 1914, le 30 août, il était à Amiens.

Du 28 septembre au 4 octobre, à Courcelles-le-Comte, Achiet, Bucquoy-les-Essarts.

Du 5 au 11 octobre, à Hannescamps et Bienvilliers-au-Bois.

Du 13 au 22 Octobre, à Ronsart, Mouchy-aux-Bois.

Du 23 octobre au 2 novembre, à Wailly.

Du 7 novembre au 31 décembre, à Nieuport, à Lombardzyde.

Pendant toute l'année 1915 et jusqu'au 30 mai 1916, il se battit autour de Nieuport.

Du 6 juin au 2 novembre, il était à la bataille de la Somme : Suzanne, Curlu, Maurepas, Rancourt, Sailly-Saillisel.

En 1917, du 10 au 18 mars, il prenait part à l'offensive de Roye-Lassigny, Beuvraignes, Roiglise, Champien, Solente, Ercheu.

En avril, il était à Moronvilliers, au Mont-sans-Nom, au Téton.

Du 10 juillet au 3 septembre, il participait à l'offensive du Mort-Homme et de la Cote 304.

Du 6 au 15 septembre, il était en Champagne (à Saint-Hilaire-le-Grand).

Enfin, du 28 septembre au 1er novembre, il participait à la bataille de la Malmaison.

En 1918 : du 18 février au 17 mars, il était à Trigny.

Du 17 mars au 27 mars, à Reims, participait à la retraite anglaise, se battait à Montdidier du 4 au 27 avril.

Puis, prenant part à la retraite française de fin mai, se battait du 24 mai au 30 juin à Fort Saint-Thierry, Gueux, Chamery.

Du 17 juillet au 6 août, il participait à l'offensive de Mangin, au sud de Soissons.

Du 8 au 24 août, à l'offensive de l'armée de Debeney, dans le massif de Thiescourt.

Du 23 septembre au 13 octobre, à l'offensive de l'armée de Gouraud : Navarin, Somme-Py, Saint-Etienne au Temple.

Enfin, toujours avec Gouraud, il prenait part, du 29 octobre au 8 novembre, à l'offensive sur Coulommes, Attigny et Mézières.

Mais alors, cet homme qui s'est ainsi battu partout et tout le temps n'a donc jamais été blessé? Blessé, il l'a été huit fois :

Le 11 novembre 1914, à Lombardzyde, il reçoit un éclat d'obus à la nuque. Il se fait panser, recommence à se battre, et le même jour, à Nieuport-Ville, lors de l'effondrement d'un pont, il reçoit des contusions multiples à la tête, à l'oreille et à la jambe droite.

Trois jours après, le 14, à la Tour des Templiers à Nieuport, il a une nouvelle blessure à la jambe gauche.

Le 16 décembre 1914, blessure superficielle au pied gauche.

Le 28 décembre 1915, contusions de la face.

Le 2 avril 1916, plaie de trois centimètres par éclat d'obus.

Le 9 février 1917, nombreuses ecchymoses aux pieds et gelure des pieds.

Le 4 octobre 1918, à la ferme Médéah, un éclat d'obus le blesse pour la huitième fois à l'épaule gauche.

Aussi sont-elles nombreuses les palmes et les étoiles accrochées aux rubans de ses croix de guerre !

Quel plus magnifique éloge faire de lui que de rappeler les plus belles de ses citations !

23 décembre 1914. — Ordre de l'Armée : « Officier de la plus rare intrépidité, dont il est impossible de résumer les actes de bravoure. Ne cesse de donner le plus bel exemple de sang-froid, d'énergie et d'entrain. A été blessé à trois reprises différentes, dont une fois assez sérieusement. Signé : FOCH. »

6 août 1916 : « A fait preuve, dans le commandement d'un groupe lourd, des plus belles qualités de calme et de sang-froid sous le feu violent de l'ennemi. A suivi les premières vagues d'infanterie pour reconnaître de nouveaux observatoires et par la précision et l'à-propos de son tir, a contribué au succès des attaques de juillet 1916. Signé : FAYOLLE. »

Journal Officiel du 27 septembre 1916 : « Officier d'une bravoure remarquable. N'a cessé de faire preuve des plus belles qualités de sang-froid et d'énergie dans le commandement de son groupe dont il a fait une unité de premier ordre. Cité, et six fois blessé, depuis le commencement de la campagne. Admissible au traitement de chevalier de la Légion d'honneur.»

22 mai 1917 : « Sous les ordres du commandant Quinton,

le 5e groupe du 118e R. A. L., s'est, depuis le début de la campagne, distingué d'une façon remarquable dans toutes les opérations auxquelles il a pris part, et au cours desquelles chacune de ses batteries a été citée à l'ordre d'un Corps d'Armée. A Maubeuge, d'où l'une d'elles s'échappe, à Nieuport, pendant vingt mois en toute première ligne, il subit les pertes les plus cruelles sans laisser fléchir son moral. Sur la Somme et sur l'Oise, il montre la même endurance et la même énergie qu'il vient de prouver sur le front de Champagne. Dès son entrée en action, il est violemment pris à partie et continue son tir sans fléchir, perdant sous le feu de l'adversaire, son 24e canon. Signé : J.-B. DUMAS. »

Journal Officiel du 13 juillet 1917 : « Nommé officier de la Légion d'honneur. Officier supérieur remarquable par sa bravoure et son sang-froid au feu. Aux armées depuis la mobilisation, bien que dégagé de toute obligation militaire, s'est affirmé comme un excellent commandant de groupe, ayant la plus grande autorité et sachant obtenir de son personnel le rendement maximum dans les circonstances les plus difficiles. Vient de donner au cours des récentes opérations offensives de nouvelles preuves de sa valeur et de sa belle attitude au feu. Six blessures. Croix de guerre. Signé : Paul PAINLEVÉ. »

20 septembre 1917 : « Le 5e groupe du 118e R. A. L., composé en grande partie de soldats qui faisaient partie de la colonne évadée de Maubeuge lors de la reddition de cette place (7 sptembre 1914), a donné depuis le début de la campagne, sur l'Yser, sur la Somme et en Champagne, l'exemple de la bravoure, de l'entrain et de la ténacité. Dans la récente offensive de Verdun (Juillet-Août 1917), malgré des pertes très sévères et au prix d'un très gros effort, a assuré, sous le commandement du Chef d'Escadron Quinton et des Capitaines Choiset et Morin, toutes les missions qu'il avait à remplir, apportant par la précision et la rapidité de ses tirs une aide efficace à la progression de notre infanterie. Signé : GUILLAU-MAT. »

Le 13 novembre 1917 : « Officier supérieur dont la compétence n'a d'égale que l'ardeur et l'intrépidité. Commandant un sous-groupement d'artillerie lourde, a tenu à honneur de conduire lui-même l'équipe de ses observateurs et marchant sur les talons de l'infanterie avec la première vague d'assaut, a organisé un observatoire avancé qui n'a cessé, dès les premières heures de l'action, de donner les renseignements les plus intéressants, non seulement pour l'artillerie, mais aussi au commandement. Signé : MARJOULET. »

17 juin 1918 : « Officier supérieur remarquable de bravoure. A obtenu des batteries sous ses ordres le maximum de rendement ; a pris, en temps voulu, les dispositions les plus ingénieuses pour retirer le matériel de trois batteries à pied sauvant ainsi ce matériel d'une capture certaine. Signé : MAZILLIER. »

Aussi, finalement, Quinton a-t-il été fait commandeur de la Légion d'honneur.

Les alliés ne l'ont, pas moins que nos généraux, couvert de félicitations et d'honneurs.

Le 26 novembre 1914, il est fait chevalier de l'ordre de Léopold.

En mars 1916, il reçoit la croix de guerre belge.

Le 27 août 1917, la croix du « Service distingué » britannique, dont nos alliés étaient, vous le savez, fort avares.

Enfin, le 5 mars 1919, il reçoit la même décoration américaine pour son « extraordinary héroism ». Le lieutenant-colonel Quinton doit être particulièrement loué pour le travail excellent effectué par le 452ᵉ régiment d'Artillerie française dont l'action a été particulièrement efficace et pour le très énergique effort qu'il a fait afin d'obtenir des renseignements sur l'ennemi par ses reconnaissances personnelles et pour avoir poussé des batteries en avant en vue d'obtenir un feu efficace sur les arrières ennemis. Signé : A.-J. BOWLEY, brigadier général. »

Messieurs, devant les exploits accomplis en quatre ans

par cet homme magnifique, me rappelant ses autres travaux scientifiques qui rendent tant de services au pays, encore sous l'impression de la conférence de mardi dernier, dont je vous parlais tout à l'heure, j'ai la conviction que si, au début de la guerre, Quinton avait été général ou ministre, il aurait joué dans les destinées de notre pays un rôle tellement grand qu'aujourd'hui nous serions réellement les vainqueurs et nous n'en serions pas à interroger l'avenir avec anxiété.

Au nom du Comité Français de Propagande Aéronautique, je viens apporter ici un suprême adieu à notre ami. Nous étions fiers de compter parmi nous cet homme admirable, car il fut, avec son âme d'apôtre, un des pionniers les plus ardents de l'idée aérienne.

Ceux qui n'oublient pas se rappellent ce qu'il sut faire comme fondateur et président de la Ligue nationale aérienne.

Il était une des gloires de notre Comité. Il était entouré de toutes les sympathies. Puissent ces sympathies dont je suis ici le bien faible interprète, apporter à la vaillante compagne de sa vie, quelques adoucissements à son immense douleur.

II

DISCOURS DE M. ARCHDEACON

au nom des Amis

———

J'ai vu, hélas, dans mon existence déjà longue, disparaître autour de moi bien des êtres aimés, bien des existences précieuses : il n'est peut-être pas une mort qui m'ait atterré autant que celle de l'ami qui vient de partir d'une façon si foudroyante, et tous ceux qui l'ont connu partageront ma poignante douleur.

Depuis la fondation déjà ancienne de la Ligue nationale aérienne, j'avais pu, comme tous ceux qui ont approché le colonel Quinton, apprécier à la fois sa puissante intelligence, sa générosité sans bornes, sa phénoménale activité dans tous les domaines, son inépuisable dévouement pour ses amis et pour les belles causes dont il s'instituait le défenseur.

Bien des fois, ses ardents plaidoyers m'ont amené les larmes aux yeux ; il en fut de même, j'en suis sûr, pour un bon nombre de ses auditeurs.

Toutes ses paroles respiraient la sincérité et venaient droite ligne du cœur : on sentait que cet homme donnerait immédiatement sa vie avec joie pour l'idée qu'il défendait ;

on l'a d'ailleurs bien vu pendant la guerre. Notre collègue, dont tous les actes étaient inspirés du plus pur patriotisme, ne voulait pas que son pays fût jamais battu, ni sur le terrain scientifique, ni sur le terrain militaire.

Plusieurs camarades, qui ont vu notre ami au front, sont revenus médusés de son héroïsme, et parfois même de ses fantastiques témérités. Celles-ci lui semblaient d'ailleurs être la chose la plus naturelle du monde et il les justifiait en invoquant la nécessité pour les officiers de donner toujours l'exemple aux soldats.

C'est ainsi qu'il termina la guerre comme lieutenant-colonel d'artillerie, faisant l'admiration de tous ses chefs « de l'active », auxquels il donna, paraît-il, plusieurs fois, de précieuses suggestions techniques, car il avait naturellement appliqué à ce métier, qui n'était pourtant pas le sien, toutes les ressources de sa lumineuse intelligence.

Je ne parlerai pas ici de ses travaux physiologiques : après avoir été l'objet des moqueries intarissables de tout le corps médical, leur valeur est maintenant universellement reconnue, et son merveilleux sérum marin sauve tous les jours des milliers d'enfants dans le monde entier.

Je ne rappellerai pas non plus les éminents services rendus par notre collègue à l'Aéronautique, car les représentants de la Ligue aéronautique de France et ceux de l'Aéro-Club de France en ont déjà parlé comme il convenait.

En un mot, notre ami avait un ensemble de qualités des plus rarement réunies sur une seule tête, et sa disparition va causer chez nous un vide considérable.

A quelles hautes destinées un pays n'arriverait-il pas, si la nature n'était pas si souvent avare de ses dons, et si la majorité de ses citoyens avaient tous la valeur du regretté Colonel Quinton?

Cela, nous ne pouvons guère l'espérer ; mais nous pouvons au moins donner sa vie en exemple aux générations qui viennent pour susciter chez nous des hommes utiles et des animateurs capables d'apporter leur puissante contribution aux progrès de notre pays et de l'humanité tout entière.

III

DISCOURS DE M. LE COMTE DE LA VAULX

au nom de l'Aéro-Club de France

Madame,

Messieurs,

C'est sous l'empire d'une émotion profonde que je viens, au nom de l'Aéro-Club de France, rendre les derniers devoirs à notre collègue et ami, le lieutenant-colonel Quinton, enlevé si subitement à notre affection.

N'était-il pas, il y a quelques jours encore, la plus belle image de la force mise au service de la foi? Rien qu'à regarder ce visage rayonnant de franchise, ces yeux si clairs et si pleins de lumière, rien qu'à entendre cette parole vibrante, cette éloquence jaillie du cœur, les plus sceptiques, les plus hésitants sentaient poindre en eux de nouvelles énergies. On eut dit que ni les ans, ni les fatigues, ni les travaux auxquels il se livrait, n'avaient de prise sur cette âme fortement trempée, sur cet organisme puissant. Depuis qu'il avait atteint l'âge d'homme, sa vie n'était qu'un apostolat, qu'une lutte ardente pour apporter un peu de bien et de soulagement à ses semblables, défendre les justes causes, mettre en œuvre toutes les belles découvertes, en un mot préparer pour l'humanité des jours meilleurs.

Je dois laisser à de plus qualifiés que moi le soin de rappeler la découverte d'un sérum qui rendit son nom illustre. Les innombrables êtres humains soignés et sauvés dans les cliniques qu'il avait fondées, et pour lesquelles il dépensait sans compter le fruit de ses travaux, suffisent à proclamer sa bonté.

Ses frères d'armes vous diront son profond mépris de la mort et du danger, l'espèce de joie qu'il éprouvait même à la braver, la ténacité patriotique avec laquelle il tint, dès les premiers jours de la guerre, à se mettre à l'entière disposition de son pays.

Mais l'Aéro-Club de France a le droit de s'enorgueillir aussi de compter parmi ses fondateurs, parmi ses collaborateurs les plus dévoués, une intelligence d'une telle envergure, une intelligence aussi agissante. Qui ne se souvient de ce sens prophétique avec lequel, à l'heure où tant de sceptiques soutenaient, démontraient même par le calcul, l'impossibilité pour l'homme de s'élever dans l'atmosphère avec un plus lourd que l'air, le Colonel Quinton pressentait, au contraire, l'avenir de la locomotion nouvelle. Avec quelle admirable confiance, tel Galilée affirmant, contre toutes les autorités de son époque, la rotation de la terre, il répétait obstinément, non seulement que l'homme volerait, mais encore qu'il dépasserait l'oiseau.

Enfin, la guerre finie, lorsque l'aviation prend un nouvel essor, lorsque l'avion, jusque-là instrument d'expérience, de sport ou de combat, devient le grand instrument de liaison entre les peuples, le symbole même de notre rêve de paix et d'amour entre les hommes, le grand soldat que nous pleurons veut encore demeurer à l'avant-garde.

A maintes reprises, au cours de ses nombreux voyages en Egypte, il a vu les grands vautours d'Afrique effectuer, soutenus par le vent, d'immenses voyages. Son cerveau d'observateur attentif de la nature devine combien les lois des courants aériens, l'utilisation de ceux-ci nous demeurent inconnus. Sa pitié s'émeut de ce que, pour n'avoir pas connu ces phénomènes, des héros tels que Chavez, ont payé de leur vie leur dévouement à l'Aéronautique. Son amour de la France s'émeut de ce que des étrangers paraissent nous devancer dans l'étude de ces questions complexes. Et dès lors, le voici le grand apôtre du vol à voile.

Grâce à sa propagande, un meeting doté de prix importants a lieu à Biskra et nos aviateurs y exécutent, sur des planeurs ou sur des avions à hélices calées, des vols magnifiques. Et c'est au moment où il envisage l'organisation d'un nouveau meeting ayant le même objet, que la mort vient le surprendre. Il l'accueille bravement, en homme de guerre habitué à la regarder en face, en savant averti que les lois de la nature sont inéluctables, en héros convaincu que l'idée est tout et que, puisqu'il a bien servi celles qui lui étaient chères, il n'aura pas vécu en vain et peut descendre au tombeau en disant :

Je n'ai pas marchandé ma tâche sur la terre,
Mon sillon le voilà, ma gerbe, la voici.

Avec quel calme, il fait part à ses amis des signes qui ne lui laissent aucune illusion sur sa fin prochaine ! Avec quel sang-froid, quel souci de l'œuvre entreprise, il consacre ses dernières minutes à donner les ultimes instructions qu'il croit utiles à son achèvement ; avec quel noble courage, quelle sérénité, il quitte la vie comme un bien qui ne lui a pas été donné pour en jouir, mais simplement pour travailler.

Reposez donc en paix, Colonel René Quinton ! Vous avez été un grand Français, un homme de bien dans toute la force de ce terme si noble. Ceux qui vous ont connu, ne vous oublieront jamais ! Ils penseront à vous comme à l'un des êtres les plus généreux, les plus braves et les plus entreprenants qu'ils aient jamais connus et ils auront à cœur, animés par votre puissant exemple, de poursuivre sans trêve le chemin que vous leur avez si glorieusement tracé.

Au nom de l'Aéro-Club de France, permettez-moi de vous adresser, Madame, l'expression de nos très douloureuses et très respectueuses condoléances.

IV

DISCOURS DE M. LE COLONEL RENARD

au nom de la Ligue Aéronautique de France

MADAME,

MESSIEURS,

C'est au nom de la Ligue Aéronautique de France que je viens aujourd'hui adresser un dernier adieu à René Quinton qui fut un de ses vice-présidents.

Mais avant de m'acquitter de ce pieux devoir, il n'est peut-être pas inutile de vous faire connaître le caractère particulier de ce groupement parmi ceux qui s'intéressent au développement de la question de la conquête de l'air. Ce n'est ni une société de savants, ni un groupe de pilotes, ni une réunion de sportifs : c'est une société dans laquelle tout le monde peut se faire inscrire, la cotisation est minime et le but de ses fondateurs a été de grouper le plus grand nombre de petits Français et d'en faire des apôtres de la conquête de l'air.

Un semblable groupement est, non seulement utile à l'heure actuelle, mais indispensable. Vous savez tous, en effet, que l'avion qui élève l'homme avec une très grande rapidité sert principalement à des applications militaires. Par conséquent, il a besoin, pour vivre, de recevoir en abondance, des fonds de l'Etat.

On cherche également à développer le plus possible l'aviation civile ; chaque jour, elle rend des services nouveaux ; mais malgré tout, pour le moment et pour quelques années encore, elle ne peut vivre, elle ne peut voler de ses propres ailes, elle ne peut vivre sans recevoir l'aide généreuse et abondante du budget de la France.

Pour que les pouvoirs publics s'intéressent comme il convient au développement de la conquête de l'air et de l'aviation en particulier, il est indispensable qu'ils se sentent soutenus par l'opinion publique. C'est pour créer cette opinion, pour la rendre nombreuse et par conséquent forte et agissante, que l'on a fondé la Ligue Aéronautique de France.

Tous ceux qui ont vu notre ami René Quinton à l'œuvre dans le conseil dirigeant de cette Ligue, ont été frappés de son activité inlassable que tout le monde constatait tout à l'heure, de la loyauté de son caractère et, en même temps, de son zèle pour le but qu'il se proposait.

Mais au risque de surprendre nos collègues du Comité directeur ou du Conseil d'Administration de la Ligue, je me permettrai de leur dire que ce n'est pas là qu'on peut le mieux voir ce qu'était le Colonel Quinton.

C'était pendant les quatre années où il a dirigé, après l'avoir fondée, la Ligue nationale aérienne. C'était dans un moment où l'aviation faisait parler d'elle pour la première fois. Les exploits de Santos-Dumont, Farman, Blériot et bien d'autres en France, des frères Wright, en Amérique, avaient attiré l'attention sur un mode de locomotion que personne ne croyait susceptible de devenir pratique.

Le Colonel Quinton n'était pas un spécialiste de l'aviation. Il a immédiatement compris l'importance considérable qu'elle allait prendre et la nécessité de lui conquérir l'opinion publique.

Il se mit à l'œuvre en fondant la Ligue Aéronautique de France. J'eus l'honneur d'être appelé, dès le début, à collaborer avec lui et nous avons tous été émerveillés de la facilité avec laquelle il savait réunir autour de lui les bonnes volontés et les faire marcher à sa remorque derrière lui ; des généraux comme le général de Lacroix, le général Bonnal, pour ne parler que de ceux qui sont morts, des amiraux, des hauts fonctionnaires, des savants, des Mécènes, en un mot tous les hommes de bonne volonté. Tout ce monde était entraîné par lui, par ses accents convaincants, on ne pouvait refuser son adhésion ; tout le monde marchait. C'était un autoritaire, comme on l'a fait déjà remarquer, mais c'était un bon tyran. Il savait imposer sa volonté, mais on était bien convaincu qu'il n'avait aucune vue d'ambition personnelle, qu'il ne songeait qu'à la grandeur de l'œuvre qu'il avait entreprise : développer la navigation aérienne par tous les moyens possibles afin d'assurer la grandeur de son pays.

Un petit détail fera comprendre ce qu'était sa manière de procéder : lorsqu'on constituait un Comité, les membres n'en étaient pas élus ; il désignait et les membres et le président. Il leur donnait ses directives, il leur disait : « Marchez », et ils marchaient.

Pendant les quatre années qu'a duré la Ligue nationale aérienne, j'ai assisté à bien des réunions de son Comité et de son Conseil et pas une seule fois, je n'ai vu manipuler un bulletin de vote. Ce n'était pas sa manière de procéder. Tout le monde marchait dans la direction qu'il nous indiquait parce qu'on savait qu'il ne pouvait nous mener que sur le chemin du succès. Lorsqu'il avait fait prendre par son Comité une décision, il ne s'en contentait pas, il fallait la faire accepter. A ce moment, aucune démarche ne le rebutait : les pouvoirs publics, le Parlement, les Mécènes, il allait chercher tout le monde et il les convainquait et les portait à agir dans le sens qu'il désirait.

Je garderai toujours un souvenir ému de ces temps héroïques de l'aéronautique. Il est très difficile, quand on n'y a pas assisté, de se rendre compte du rôle immense qu'a joué alors René Quinton. Aussi quand la guerre est arrivée et que nous apprenions de loin ses exploits au front, personne ne s'en étonnait. Nous avions vu en temps de paix l'activité de cet homme admirable, et il devait être également admirable en temps de guerre.

Après la guerre, il ne s'est pas désintéressé de l'aéronautique, mais il a cessé de jouer un rôle aussi actif que celui qu'il avait joué, pendant les quatre années qui ont précédé la guerre.

De nombreux travaux, en particulier sur le sérum auquel il a donné son nom, l'absorbaient de plus en plus. Il n'avait plus les loisirs nécessaires pour s'occuper du développement de la Ligue nationale aérienne. Il chercha à en assurer la durée ; il le fit de la manière la plus vivante et la plus féconde en contribuant à la fusionner avec deux autres groupements qui poursuivaient le même but et qui éparpillaient leurs efforts : l'Association Générale Aéronautique et le Comité National de l'Aviation Militaire fondé par le sénateur aviateur Reymond. Ces trois sociétés furent groupées et constituèrent la Ligue Aéronautique de France. Pour bien marquer leur origine, les trois présidents de ces sociétés respectives devinrent les vice-présidents de la Ligue. A sa tête, fut placé le général Bailly, homme jeune encore, bien qu'il fût à l'âge de la retraite des généraux de division. Hélas ! Actuellement, parmi ces fondateurs de la Ligue Aéronautique de France, trois ont disparu : le docteur Reymond a trouvé une mort héroïque comme pilote au début de la guerre ; le général Bailly est mort au champ d'honneur après la guerre, victime d'un accident d'aviation en se rendant de Paris à Strasbourg pour présider une section de la Ligue Aéronautique.

Quant à notre ami le Colonel Quinton, nous lui rendons aujourd'hui les derniers devoirs. Ce n'est pas sans une grande émotion que je lui adresse, au nom de la Ligue Aéronautique de France, ce suprême adieu.

Mais nous garderons tous le souvenir ému du bel exemple qu'il nous laisse. Puissions-nous tous, comme lui, aller jusqu'au bout de notre carrière en marchant droit dans le chemin du devoir, en étant toujours prêts à répondre " présent ", lorsqu'on fait appel à notre dévouement, pour les grandes causes, pour la science et pour la patrie.

Madame, que ces sympathies bien modestes servent d'adoucissement à votre grande douleur. Pour nous, nous conserverons indéfiniment le souvenir ému de cet excellent camarade et ami que nous perdons en la personne du Colonel Quinton.

V

DISCOURS DE M. LE COLONEL ROMAIN

Madame,

Messieurs,

Permettez-moi d'ajouter quelques mots au beau concert d'éloges que vous venez d'entendre.

Si je me risque à prendre la parole après des voix autrement autorisées que la mienne, c'est que j'ai à cœur de bien éclairer une face du caractère de René Quinton, qui, si fort qu'on l'ait admiré, n'a pas encore été suffisamment mise en lumière, je veux parler de sa bravoure.

On a dit, on a écrit qu'il avait été très brave pendant la guerre, mais on n'a pas montré jusqu'à quel point il avait été brave.

Le courage, certes, a été dans nos rangs, monnaie courante et en décerner le brevet est devenu un éloge banal. Mais le courage de René Quinton a été véritablement hors de pair et vaut qu'on le raconte.

Il avait plus que l'indifférence du danger, je puis dire qu'il en avait l'amour. Il allait au combat comme à une fête, et je me rappelle un de ces mots à l'emporte-pièce dont il était coutumier : « Ce qui maintient le poilu dans la tranchée, me disait-il un jour, jugeant les autres d'après lui-même, c'est l'attrait du danger qu'il y court. »

C'est au moment de la grande offensive d'octobre 1917 que j'ai connu René Quinton. Chef d'escadron, il était venu avec un groupe d'artillerie lourde servir sous mes ordres dans la région au nord de Soissons. Ce groupe d'artillerie lourde, il le maniait avec l'allant, avec la mobilité d'une artillerie volante. Il ne supportait pas de voir des canons plus près des lignes ennemies que les siens. Et son personnel, qu'il mettait sans cesse ainsi à rude épreuve, le suivait partout sans maugréer, car il savait que de tous, c'était son chef qui prenait la plus grande part des dangers, et aussi la plus grande part des fatigues, — raison probable qui, hélas, nous réunit aujourd'hui autour de son cercueil.

Dans ses reconnaissances, il allait narguer l'ennemi en pleine vue aux plus courtes distances, à portée de mitrailleuse ; il prenait des mesures topographiques presque sous son nez, et si la mort l'a épargné, c'est que, comme il arrive souvent pour les grands intrépides, elle a reculé devant un homme qui la bravait avec tant d'audace.

Lors de la bataille de la Malmaison, il m'avait demandé l'autorisation de quitter son abri de commandement au moment de l'attaque, pour aller comme simple observateur suivre les vagues d'assaut. Il était d'ailleurs coutumier du fait.

Et c'est ainsi qu'il partit avec quelques téléphonistes, collé à la première ligne d'infanterie, dans le sillage même des obus d'accompagnement, conservant dans l'enfer des barrages assez de sang-froid pour envoyer des indications non seulement sur la précision du tir, mais aussi sur l'allure générale du combat ; à telle enseigne que, de ce côté du champ de bataille, ce sont ses renseignements transmis par moi au fur et à mesure qui ont éclairé le haut commandement, obligé de renoncer aux renseignements trop incertains de ses propres observateurs. Et, à son retour, comme je le félicitais sur son cran : « Bast, me répondit-il, avec son large et bon sourire, c'est si facile, et puis c'est si amusant ». Tout René Quinton est là.

Nous nous séparâmes quelques jours après, mais j'ai su qu'aux heures de défaite, dans les sombres journées de 1918, sa froide intrépidité était restée ce qu'elle avait été aux heures de victoire et que dans les retraites, il s'était plus d'une fois improvisé fantassin pour défendre ses canons à coups de mitrailleuse et à coups de fusil.

Depuis l'armistice, nous nous sommes maintes fois revus et j'ai pu constater qu'à une époque où les esprits les mieux chevillés se sont laissés aller à la détente de la paix, le sien avait conservé toute sa trempe de guerre.

Oui — je crois pouvoir l'affirmer — cet officier de complément, ce biologiste, ce travailleur de laboratoire, ce soigneur de bébés, était par-dessus tout un guerrier et un guerrier du plus pur métal. Ses familiers continuaient à l'appeler " le Colonel Quinton " et c'était le titre dont il se montrait le plus fier, non pas à cause de la gloriole des galons — il aurait été, je crois, tout aussi fier de s'appeler " le brigadier Quinton " — mais parce qu'il était soldat jusqu'au tréfond de l'âme.

Il représente à mes yeux la belle vaillance française, ardente, clairvoyante, enjouée, narquoise. Il est de la lignée des Bayard, des La Tour d'Auvergne, des Mangin. Ce n'est pas là, je vous assure, une simple hyperbole de rhétorique. Et quand, dans la chambre mortuaire, je l'ai vu, étendu sur son lit de parade, raidi dans son uniforme, le casque à ses pieds, les mains jointes sur la poitrine, sa belle tête reposant dans la sérénité de l'infini, il m'a semblé voir surgir l'image des preux allongés sur les grandes dalles des tombeaux.

Peut-être un jour publiera-t-on, pour l'édification de la postérité, le recueil des actes de bravoure accomplis au cours de la Grande Guerre. On devra alors puiser à pleines mains dans la vie du Colonel René Quinton. J'ai cru mon devoir de signaler cette mine précieuse aux prospecteurs de l'histoire, moi qui l'ai beaucoup connu, beaucoup admiré, beaucoup aimé et qui, en lui envoyant le salut ému de ses compagnons d'armes, puis assurer à la compagne dévouée qui a embelli ses dernières années, qu'elle porte le nom d'un héros.

1915

VI

DISCOURS DE M. LE SÉNATEUR FARJON

MADAME,

MESSIEURS,

Les anciens compagnons d'armes du Colonel Quinton, pour lesquels il fut, pendant toute la durée de la guerre, non seulement le chef, mais bien plutôt le drapeau, par l'admirable exemple de fermeté d'âme, de courage et d'abnégation qu'il n'a cessé de leur donner, ne peuvent laisser partir ce cercueil qu'ils suivent le cœur profondément meurtri, sans venir déposer devant lui l'hommage de leur douleur inconsolable et sans évoquer pour la dernière fois les chers souvenirs communs, faits des épreuves supportées côte à côte.

Parmi ces compagnons de ces années tragiques, ceux qu'il portait particulièrement dans son cœur étaient les anciens de ce 5e groupe du 118e régiment d'Artillerie lourde, qu'il a commandé pendant la plus grande partie de la campagne et qu'il a toujours conduit sur le chemin de l'honneur. C'est en leur nom que je parle, au nom de tous ceux, officiers, sous-officiers et soldats qui ont appartenu à ce groupe, qu'il avait dressés à son image, droite, chevaleresque et enthousiaste et qui tiennent pour lettres de noblesse d'y avoir servi sous ses ordres.

33

Au mois de novembre 1914, après avoir participé depuis deux mois avec sa batterie de 75 aux opérations de la course à la mer, le Capitaine Quinton arrivait à Nieuport et prenait position sur les bords de l'Yser, qu'il n'allait plus quitter pendant un an et demi ; il y manifeste aussitôt cette folle bravoure, cependant réfléchie et voulue qui était sa marque caractéristique, et personne de ceux qui l'y ont connu, n'oubliera sa défense de Lombardzyde, lorsqu'il commandait le tir de ses pièces, froidement assis au milieu de la route, alors que les mitrailleuses ennemies postées à l'autre bout du village, faisaient voler déjà les balles autour de lui.

Rappellerai-je la Tour des Templiers, écroulée jusque sur sa tête, ses observatoires audacieux des écluses, de l'église et tant d'autres?

Mais déjà cet esprit si pénétrant et d'une si surprenante divination, portait toute son attention sur l'artillerie lourde, à laquelle il allait appartenir désormais, et le Commandant Quinton constituait le groupe de batteries de 155 long, dont il devait tirer des résultats si impressionnants à Nieuport d'abord, puis dans la Somme, puis en Champagne, puis à Verdun, puis dans l'Aisne, jusqu'à ce que, promu lieutenant-colonel, il prit le commandement de groupements plus importants, qu'il mena, au cours de l'année 1918, dans une défensive que rien ne fléchira d'abord, puis, dans une ardente offensive qui ne s'arrêta qu'au jour de l'armistice.

Quand, serrés autour de lui, dans une de ces cordiales réunions annuelles qu'il aimait tant, nous évoquions ces instants déjà lointains, les souvenirs se levaient en foule : c'était le travail acharné fait par lui pour mettre au point l'organisation du groupe, les méthodes de tir et d'observation, les menus incidents de chaque jour, le succès des opérations et des bombardements entrepris, les pertes cruelles aussi subies par les batteries souvent durement contrebattues par représailles, mais toujours prêtes à entrer en action à la voix de leur chef. Ruisseaux, ravins de Curlu et de Leforest, bois devant le Mont-Sans-Nom, positions devant Verdun, vous avez laissé votre trace sanglante dans les annales du groupe, mais vous avez aussi épinglé à son fanion les citations répétées et glorieuses qui lui font comme une auréole.

Mais qui donc était là pour conduire chaque opération victorieuse, qui donc, après avoir pris minutieusement toutes les dispositions propres à assurer la sécurité de sa troupe était là ensuite pour supporter les risques implacables des ripostes meurtrières et maintenir au point menacé une résistance intrépide qu'il pouvait demander au haut moral des hommes? Qui donc était là? Le chef qui jamais ne trembla et que la voix impérieuse du devoir jetait au plus fort du danger pour démontrer à tous qu'une âme rendue inaccessible au découragement et à la peur par une volonté inébranlable, est supérieure à tous les périls.

Ce qui, chez le Colonel Quinton, nourrissait cette admirable bravoure à laquelle ses nombreuses citations ont rendu un éclatant hommage, et qui l'a rendu légendaire, c'était le merveilleux élan de son patriotisme et cette foi intangible dans l'avenir de notre France! Combien de fois l'avons-nous évoquée dans ces conversations familières où il se plaisait à développer devant nous ses théories et ses suggestions parfois hardies, souvent saisissantes, jamais indifférentes! Il avait l'âme si haut placée que tout chez lui se muait en noblesse et c'est le royaume de l'idéal qui fut toujours son séjour de prédilection. Nous le revoyons avec sa haute taille inflexible, sa voix grave et prenante et cet exquis sourire de gaieté jeune qui illuminait ses yeux pensifs.

Vous avez été, mon Colonel, pour tous vos disciples dont vous avez tant contribué à élever et l'esprit et le cœur, un maître incomparable qui voulait former non pas seulement des combattants braves et dévoués, mais vraiment des hommes ayant la plus forte et la plus belle notion du devoir.

A l'heure où sa dépouille mortelle part vers la terre natale, où ce grand travailleur, ce grand homme d'action va trouver si prématurément le repos qu'il s'est refusé pendant toute sa vie, nous qui gardons comme un dépôt sacré au fond de notre conscience, les leçons de sagesse, de droiture et de bonté qu'il nous a léguées, nous lui devons cet hommage qui n'est parmi nos larmes désolées que l'humble tribut de notre admiration et de notre reconnaissance.

Mais si ma voix, que la douleur assourdit, n'a pas à rappeler ici le surplus de la vie terrestre du Colonel Quinton, son œuvre de biologie, de thérapeutique, de propagande pour l'aéronautique et l'aviation, pour toutes les causes auxquelles il s'est donné avec sa fougue et sa conviction habituelles, du moins, ai-je maintenant à laisser parler par ma bouche le cœur de tous ces anciens combattants du 5ᵉ groupe qui entourèrent d'une si vive et si respectueuse amitié, cette grande âme généreuse. C'est cette bonté, cette générosité cachées avec une sorte de pudeur délicate derrière une apparente froideur, qui avaient conquis tous ceux qui l'ont approché et ses anciens compagnons d'armes unanimement, tant les circonstances de guerre sont propres à faire apparaître en pleine vérité les sentiments vrais de ceux qu'elles environnent. Laissez-moi le droit de dire que j'ai ressenti plus que personne la grandeur de ces qualités dans l'ami si cher, je devrais dire le grand frère aîné qu'un mal impitoyable et subit est venu arracher en quelques heures à notre très grande affection.

Quelques-uns d'entre nous suivent aujourd'hui son cortège de deuil ; les autres retenus au loin sont ici par la pensée et leur douleur se croise avec la nôtre pour entourer ce cercueil d'une tristesse que rien ne consolera.

L'un d'entre nous qui fut auprès de lui jusqu'au dernier moment, reçut ces dernières paroles que je tiens à redire comme l'ultime testament qu'il a voulu nous laisser :

« Je vous ai embrassé une première fois en vous décorant, je vous embrasse une seconde fois et c'est la dernière, mais en le faisant, c'est tout le groupe que j'embrasse ; vous le leur direz et aussi que j'ai voulu mourir dans ma chemise de soldat. »

Toute la part que son ancien groupe tenait dans son cœur et toute son âme stoïque et intrépide se retrouvent dans ces dernières paroles qui resteront gravées profondément dans nos mémoires avec ce signe de deuil qui couvrira pour nous désormais le nom du chef et de l'ami à jamais disparu.

Mais depuis la guerre, celui qui avait été le fils le plus aimant et le meilleur des frères, avait voué dorénavant sa suprême tendresse à l'épouse si chère qui avait ranimé la lampe de son foyer et à l'enfant innocente, trop jeune encore pour comprendre la perte irréparable d'un père qui l'adorait. Devant ces douleurs que nuls mots ne sauraient apaiser et qui restent courbées en un chagrin que nos paroles ne sauraient alléger, nous ne pouvons que nous incliner en silence et mêler nos larmes à celles-là que le temps seul adoucira dans la mélancolie des chers souvenirs d'un passé trop tôt aboli.

Veuillez agréer, Madame, pour vous et tous les vôtres, le très respectueux hommage du profond chagrin de tous mes camarades et le dernier salut haut et clair, comme il l'aurait souhaité, du 5e groupe du 118e au Colonel Quinton qui en fut le créateur, le chef bien-aimé et qui restera pour nous à jamais le symbole des plus hautes vertus du cœur et de l'esprit.

Mon Colonel, au nom de tous, adieu !

VII

DISCOURS DE M. LE DOCTEUR LOISEL

au nom de la Médecine et de l'Aviation

MADAME,

MESSIEURS,

Comme tous ceux que met en deuil et rassemble ici la perte cruelle du savant, de l'animateur, du philosophe, de l'homme d'élite qu'était le Colonel Quinton, j'ai été douloureusement surpris de cette mort si précipitée et si prématurée.

A cinquante-sept ans, quand on a déjà tant fait, mais qu'on aurait encore tant voulu faire, c'est trop tôt pour soi, pour les siens, pour sa famille, pour la société. C'est vraiment le cas de rappeler les paroles du philosophe latin : « La vie est courte, le travail est long ».

Il nous a été pénible, après l'avoir si brillamment glorifié et apothéosé à Muret, le 19 octobre 1924, de perdre Ader, Clément Ader, le vrai père de l'aviation, malgré son très grand âge, combien à un âge si peu avancé, nous est-il plus dur de voir partir et de perdre le si vaillant et si actif pionnier de l'aviation qu'était notre bon ami, le Colonel Quinton.

Comme médecin et comme médecin praticien et au nom de tous mes confrères, à ce titre, permettez-moi de vous rappeler les services éminents rendus par lui, à la science de la vie et à la thérapeutique médicale. Assistant au laboratoire de physiologie pathologique des Hautes Etudes, au Collège de France, Quinton avait, à la suite d'études et de recherches remarquables et d'une persévérance admirable, imaginé d'injecter de l'eau de mer isotonique à certaines maladies. Il publia à ce sujet un ouvrage admirable « l'*Eau de mer, milieu organique* », ouvrage qui ouvre sur la vie en général des horizons d'une étendue considérable. Il appliqua le traitement marin à la tuberculose, à la syphilis, à l'herpétisme, au développement du premier âge.

Pour répandre les bienfaits de sa découverte, il fonda successivement deux dispensaires réservés aux indigents.

Les belles cures, témoignées par des photographies admirables prises avant et après les injections de sérum marin, Plasma de Quinton, firent de moi un fidèle applicateur et propagateur de sa méthode thérapeutique.

C'est encore plus par l'aviation que par la médecine que nos rapports s'étendirent. Nous avions la même passion de la vie et du mouvement.

En 1908, Quinton fonda la Ligue nationale aérienne. Je m'empressai de me ranger sous sa bannière et je m'honore d'avoir été l'un des premiers membres à vie de sa Ligue.

Après la guerre, le 17 juin 1921, à la suite d'un de mes articles dans la *Liberté*, Quinton m'écrivait : « Je retrouve dans vos articles les idées qui me sont les plus chères. Il y a loin entre l'aviation actuelle et celle qui pourra être un jour. Ce qu'il y a de frappant dans l'idée du vol, c'est que la dépense de celui-ci est insignifiante. Dans les grands lâchers de pigeons par les transatlantiques à 600 ou 800 kilomètres de Brest, les oiseaux regagnent le port sans prendre de nourriture ; leur dépense d'énergie est très faible. L'aviation sera le plus économique des moyens de locomotion, ce n'est pas douteux et je partage là-dessus entièrement votre idée à ce sujet. »

René Quinton fut un animateur de l'aviation. Tous les orateurs qui se sont succédés à cette tribune et tous ceux qui m'y succéderont, ne pourront que le proclamer bien haut. C'était une nature d'élite, une âme, un cœur vraiment supérieurs. Sa vie a été une œuvre à donner en exemple aux jeunes, permettez-moi cette vérité, l'âge me permet de dire bien des choses — aux jeunes d'aujourd'hui, si souvent intéressés !

C'est ainsi qu'en s'inspirant des beaux exemples qu'il donna, pour la plus grande consolation de sa famille, pour le plus grand bien de cette France, notre belle patrie, qu'il aima tant et à laquelle il offrit, dès les premiers jours de la grande épreuve, sa vie tout entière, il survivra, par l'exemple.

René Quinton, au nom des malades soulagés ou guéris, au nom des petits et des humbles de l'aviation, permettez-moi de vous saluer une dernière fois en m'inclinant bien bas, bien douloureusement et bien respectueusement.

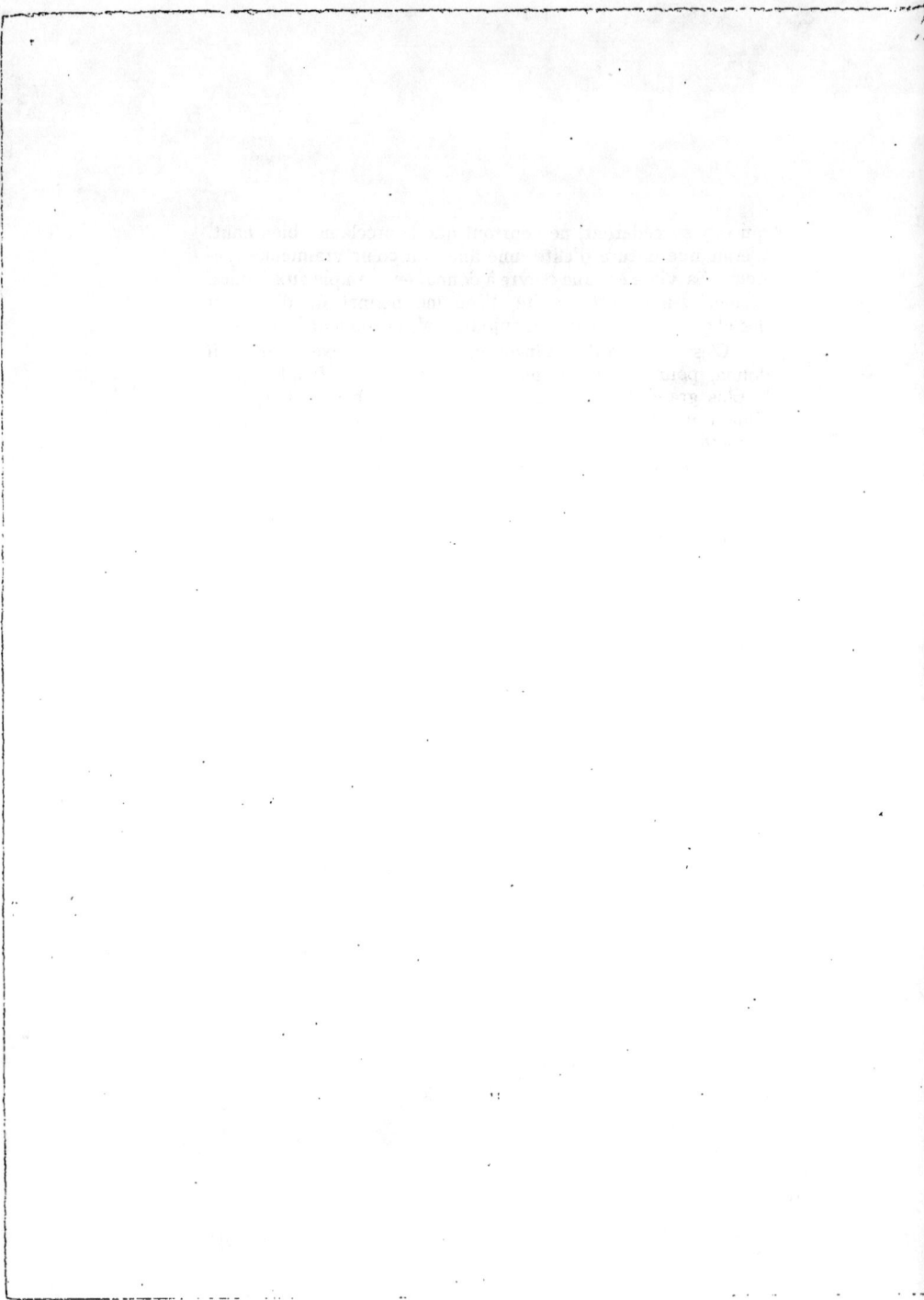

VIII

DISCOURS DE M. L'INGÉNIEUR GÉNÉRAL FORTAN

au nom de M. le Sous-Secrétaire d'Etat

MADAME,

MESSIEURS,

Si les amis de l'aéronautique sont réunis aujourd'hui en aussi grand nombre autour de cette bière, c'est pour rendre les derniers devoirs à un savant et à un homme de cœur dont le nom leur est cher, dont les conseils et la bienveillance leur ont souvent été précieux, et dont le souvenir demeurera toujours vivant dans leur mémoire.

De longue date, René Quinton avait orienté la curiosité et l'ingéniosité de son esprit vers les recherches scientifiques utiles. Assistant du laboratoire de Physiologie pathologique du Collège de France, il avait, de bonne heure, conçu et démontré que l'eau de mer pouvait constituer, dans certains cas, notamment chez les enfants, comme une sorte de sang nouveau, riche de principes vivifiants. Analyser dans tous ses détails la composition et les propriétés de l'eau marine, s'appliquer à en découvrir une utilisation toujours plus large en thérapeutique, et, partant de là, se faire ensuite le propagateur et l'apôtre d'une méthode nouvelle pour soulager nos souffrances ou remédier à nos déchéances physiques, voilà en raccourci, ce que sut entreprendre tout d'abord l'esprit novateur de René Quinton. Et la justice commande d'ajouter que les résultats qu'il réussit à atteindre couronnèrent brillamment ses efforts persévérants et désintéressés. J'en appelle pour cela au témoignage des parents des milliers d'enfants qui ont pu être traités dans les dispensaires marins créés par Quinton et qui, grâce à lui, ont été heureusement arrachés à la maladie et à la mort.

Or, précisément, parce qu'il avait le goût des nouveautés, René Quinton devait être et fut effectivement un admirateur et un fervent de l'aviation. Aux heures déjà anciennes où le ciel d'Issy-les-Moulineaux s'étonnait des prouesses de nos grands pionniers de l'air, Quinton, comprenant tout l'avenir de la jeune invention, s'employa efficacement à encourager par mille moyens, chercheurs, ingénieurs, constructeurs et pilotes.

C'est ainsi qu'il fonda, notamment, en 1908, la Ligue nationale aérienne, premier en date des grands groupements populaires des amis de la locomotion aérienne. Sous sa direction, sous sa présidence, la Ligue devint tout de suite un organe puissant de propagande et d'encouragement : l'une des premières, elle créa des prix, elle suscita des initiatives et des enthousiasmes, elle disciplina et coordonna les bonnes volontés. Œuvre magnifique, à laquelle Quinton se donna de tout cœur et qu'il poursuivit, qu'il amplifia même, lorsque devenue Ligue aéronautique de France, l'Association qu'il avait créée, vit croître à la fois le nombre de ses membres et le champ de son action.

Qui ne se souvient de l'ardeur agissante que mettait René Quinton à entreprendre et à poursuivre une campagne de propagande, chaque fois qu'un grand sujet lui en semblait digne? Le développement des essais et des expériences de vol sans moteur ou de vol avec des moteurs de faible puissance, fut spécialement pour lui l'occasion d'une dépense généreuse d'activité et de talent. Il voulait de toute son âme que la France, qui avait vu naître et qui, dans une certaine mesure,

44

avait fait naître l'aviation, devînt le pays où le vol à voile serait le plus étudié et le mieux connu, celui qui saurait ravir à la concurrence internationale, puis, ensuite, conserver les prix et les records relatifs à ce genre particulier de sport et de locomotion aérienne.

Car ce chercheur, ce savant, cet éloquent conférencier, ce noble cœur enfin, fut surtout — et il en tirait la plus légitime fierté — un Français tendrement et franchement attaché à la grandeur de sa patrie. Cet amour pour notre France, il le ressentait au point que, pouvant exciper de son âge en 1914, au jour du danger, pour ne remplir aux armées qu'un rôle peu actif, il décida de partir pour le front avec la même ardeur que celle qui animait les plus jeunes combattants. Il était, au 2 août, capitaine de territoriale et chevalier de la Légion d'honneur. Quatre ans de guerre et de présence à l'avant, lui valurent successivement les grades de chef d'escadron et de lieutenant-colonel dans l'artillerie, ceux d'officier, puis de commandeur dans la Légion d'honneur, et, mieux encore peut-être, d'admirables citations dont je tiens à nouveau à rappeler particulièrement la suivante, qui les résume toutes :

« Officier de la plus rare valeur, dont il est impossible de résumer les actes de bravoure. Ne cesse de donner le plus bel exemple de sang-froid, d'énergie et d'entrain. A été blessé à trois reprises. »

Rare valeur, bravoure, sang-froid, énergie, entrain, ne sont-ce pas là effectivement, les qualités avec lesquelles René Quinton nous apparaissait même dans la vie courante? Et ces belles qualités ne les garda-t-il pas jusqu'à ses dernières heures, alors que, voyant arriver l'appel de la mort, et prêt à y répondre " présent ", il se soucia de mettre ordre à ses affaires, de signer tranquillement son courrier et de transmettre sans faiblesse, ses ultimes recommandations.

Mesdames, Messieurs, comme représentant de M. le Sous-Secrétaire d'État de l'Aéronautique et des Transports aériens, retenu en ce moment loin de Paris par les devoirs de ses hautes fonctions, je salue solennellement avec une profonde émotion, au nom de l'Aéronautique française tout entière, la dépouille mortelle du regretté Colonel Quinton, membre du Comité de Direction de l'Aéro-Club de France, vice-président de la Ligue aéronautique de France, commandeur de la Légion d'honneur.

Colonel Quinton, votre vie a été bien et glorieusement remplie. Au moment où vous nous quittez, et où les voix les plus autorisées se sont efforcées de rappeler vos mérites, soyez assuré que, grâce au bien que vous avez su faire, ainsi qu'aux nobles exemples que vous avez prodigués, votre nom demeurera toujours hautement honoré dans la mémoire de tous ceux qui ont eu le bonheur de vous connaître et d'apprécier votre exceptionnelle valeur.

Au nom du pays, à la grandeur duquel vous vous êtes, pour votre part, si bien et si noblement consacré, je vous dis une dernière fois, du fond du cœur, adieu et merci.

ALLOCUTION DE M. LE DOCTEUR JARRICOT

prononcée au Cimetière de Loches

René Quinton, mon ami très cher, mon frère d'alliance, je viens vous dire, moi aussi, un dernier adieu. Après que tant de voix éloquentes l'ont fait dans ce Paris plein de votre nom, je ne rappellerai pas ce que vous doivent la science dont vous avez si libéralement enrichi le patrimoine, la France dont vous avez contribué à assurer la victoire par la puissance des ailes, les mères sans nombre qui vous doivent la vie d'un enfant.

Mais je veux vous remercier, une fois dernière, d'avoir été l'animateur de ma vie. En me pressant de fonder dans ma ville natale un dispensaire à l'image des vôtres, vous avez imposé à l'évolution de mes idées, une direction dont je vous garde vous saviez quelle gratitude.

Quelle joie plus digne, en effet, que celle de pouvoir guérir plus souvent la maladie jusque-là rebelle? Quel bonheur plus profond que la sécurité de celui qui sait, par une expérience rarement trompée, l'aide qu'il peut demander, depuis vous, aux sources immédiates d'où la vie tire son origine?

Et je vous dois aussi, René Quinton, nous vous devons tous, nous qui vous avons plus approché, connu davantage, mieux aimé, cette vision qui ne nous quitte plus de la pure beauté morale.

47

Mon ami, vous aviez mis votre vie en harmonie avec l'idée la plus haute du devoir. On a rappelé à ce sujet des traits de votre caractère, des anecdotes et des mots qui dépeignent l'homme de science, l'homme de guerre, l'homme de bien que vous fûtes. Mais je veux faire entendre ici quelques paroles qui sont à votre mesure en donnant lecture de quelques lignes parmi les dernières que vous-même avez lues et méditées :

« ... Il est certain qu'au fond de nous-même la vie morale de chacun de nous se trouve une image de cette justice invisible et incorruptible que nous avons vainement cherchée dans le ciel, dans l'univers et dans l'humanité. Elle agit, il est vrai, d'une manière qui échappe aux regards des autres hommes et souvent à notre propre conscience, mais pour être caché et intangible, ce qu'elle fait n'en est pas moins profondément humain, profondément réel.

« Il semble qu'elle écoute et examine tout ce que nous pensons, tout ce que nous disons, tout ce que nous tentons dans la vie du dehors, et s'il y a au fond de tout cela un peu de bonne volonté et de sincérité, elle le transforme en forces morales qui étendent et éclairent notre vie intérieure et nous aident à penser, à dire, à tenter mieux encore dans l'avenir.

« Elle n'accroît ni ne diminue nos richesses, elle ne détourne ni la maladie, ni la foudre, elle ne prolonge pas la vie d'un être que nous adorons ; mais si nous avons appris à réfléchir et à aimer, si, en d'autres termes, nous avons fait notre devoir selon l'esprit en même temps que selon le cœur, elle entretient au fond de notre esprit et de notre cœur, une intelligence, une satisfaction peut-être désenchantée, mais noble et inépuisable, une dignité d'existence, qui suffisent à nourrir notre vie, après que les richesses sont perdues, après que la foudre ou la maladie ont frappé, après que l'être adoré a quitté la vie pour toujours. »

Qu'ajouterai-je à ces mots?

Votre âme stoïque se refusait aux larmes. Après l'heure d'émotion que vous pardonnerez, nous ne vous pleurerons pas, René Quinton, nous vous garderons fidèlement mémoire. Elle sera l'exemple de votre vie.

48

1925

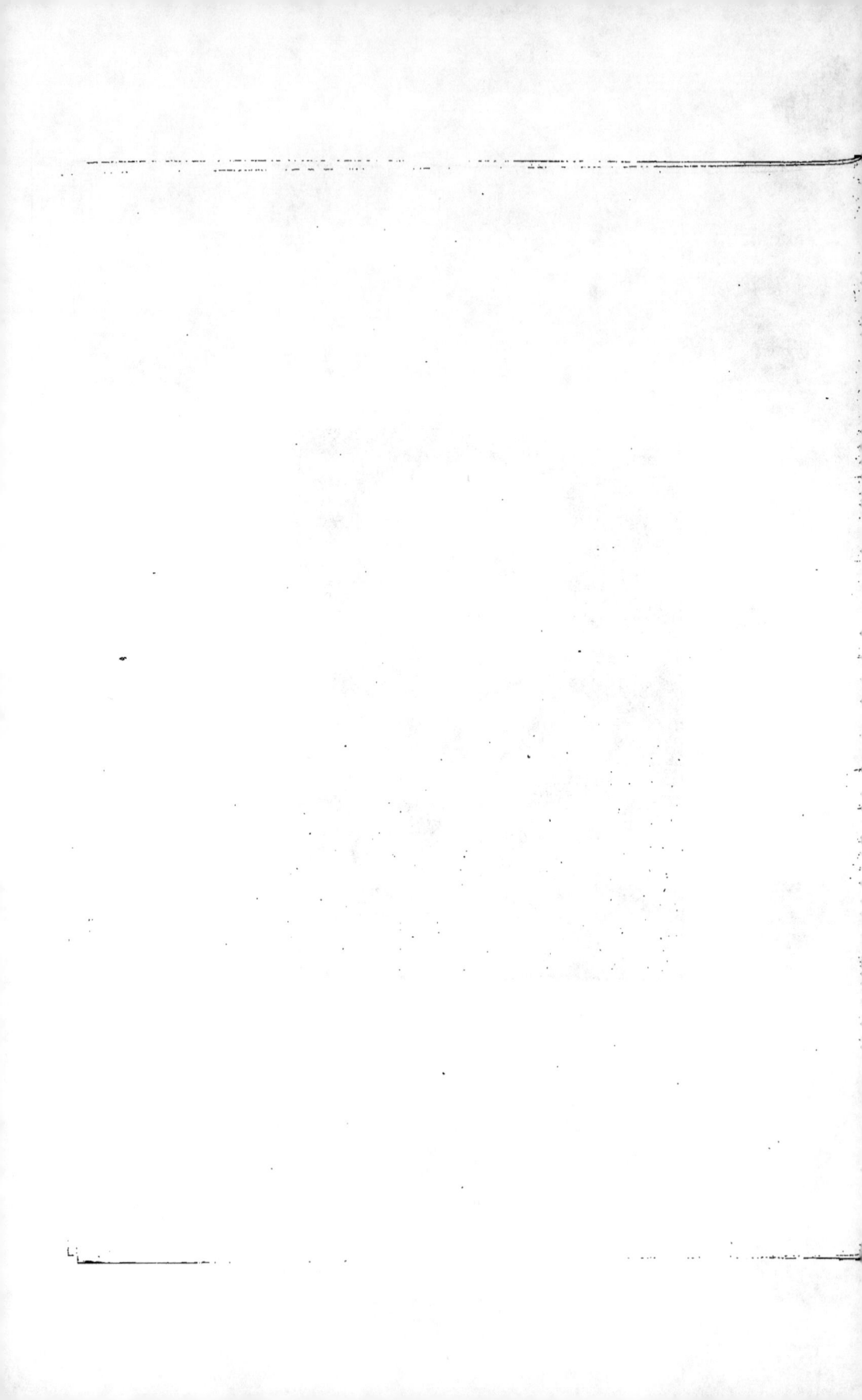

ARTICLES DE LA PRESSE

relatifs

à

RENÉ QUINTON

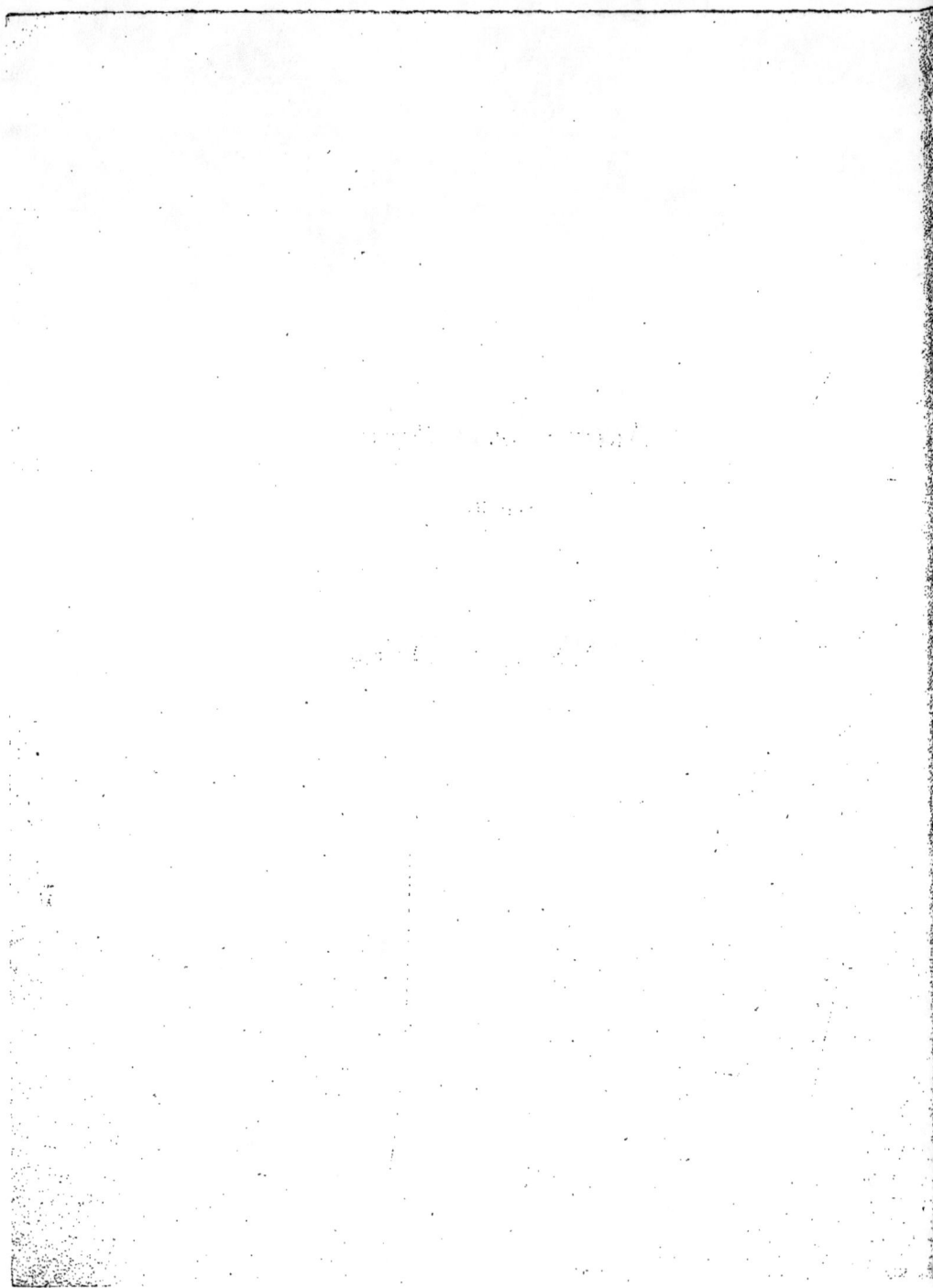

Gaulois, 11 juillet.

LA MORT DE RENÉ QUINTON

A cinquante-huit ans, en pleine activité, en plein travail, la mort nous prend un des Français sur lesquels sa génération avait fait le plus de fonds. René Quinton, le savant qui nous a montré avec tant de force les origines marines de la vie animale, qui a dégagé, à une époque où tous les cerveaux étaient subjugués par le concept du transformisme, les grandes lois de constance qui régissent le monde, est mort hier, terrassé par une angine de poitrine !

Le hardi pionnier de l'aviation, le soldat à qui sa noble conduite sous le feu avait valu les galons de colonel et la croix de commandeur de la Légion d'honneur, après tant de palmes, est mort dans une autre tranchée, celle où se battent les philosophes et les savants pour percer les mystères qui nous entourent. Il laisse un seul livre — parfaitement achevé — l'*Eau de mer, milieu organique;* mais une œuvre énorme, sous forme fragmentaire. Quand elle aura vu le jour, on sera surpris et on admirera le bouillonnement de ce vaste esprit que toutes les hautes questions sollicitaient et qui ne se lassait point d'interroger la nature.

Elle l'a brutalement frappé. Nous lui rendrons, le jour de ses funérailles qui auront lieu lundi à Saint-Ferdinand-des-Ternes, un hommage plus médité.

Figaro, 11 juillet.

MORT DE RENÉ QUINTON

Un beau Français vient de mourir : René Quinton qui s'illustra dans les sciences et fut, durant la guerre, un officier exemplaire. Sa conduite sur le champ de bataille lui avait valu de passer, lui, simple capitaine de réserve, lieutenant-colonel, et de commander un régiment d'artillerie ! Mais avant de se couvrir d'honneur sous le feu, il avait écrit un livre de science, qui ouvre à l'esprit les plus vastes perspectives. *L'Eau de mer, milieu organique*, a orienté la biologie dans la voie de grandes découvertes et la thérapeutique dans des voies non moins fécondes ! L'œuvre scientifique de Quinton, malgré de nombreuses communications à l'Académie des Sciences et aux Sociétés savantes, reste mal connue et fragmentaire. Elle sera complétée, quelque jour, par des publications posthumes qui montreront toute l'ampleur de cet esprit appliqué avec la même ardeur à résoudre tous les problèmes qui s'offraient à sa curiosité !

On sait le rôle que Quinton, président de la Ligue aérienne, a joué dans la création de notre aviation. Les premiers hommes oiseaux l'ont trouvé derrière eux pour les aider de ses conseils, de son influence, de sa bourse ! Il a été l'optimiste qui a prédit le règne du plus lourd que l'air, et annoncé le vol à voile. Il avait un beau courage devant tous les dangers, et une résolution inébranlable devant tous les obstacles.

C'était un de ces Bourguignons de vieille roche qui ne connaissent point de résistance. Il s'est tué de travail. C'est une belle mort.

Matin, 11 juillet.

MORT DE RENÉ QUINTON

C'est un grand savant, un homme d'action, d'une générosité et d'un désintéressement rares, qui disparaît.

René Quinton, président de la Ligue nationale aérienne, s'est éteint hier, à Paris, succombant à une angine de poitrine. Né en 1866, biologiste éminent, et d'abord assistant au laboratoire de physiologie pathologique des hautes études au Collège de France, il devint populaire par la création d'une méthode thérapeutique par les injections d'eau de mer isotonique qui prit le nom de Plasma de Quinton.

Il publia, à ce sujet, un ouvrage très remarquable, *L'eau de mer, milieu organique*, etc., et quelques communications sur l'application du traitement marin à la tuberculose, à la syphilis, à l'eczéma et au développement de la première enfance. Et, pour répandre les bienfaits de sa découverte, il fonda successivement deux dispensaires réservés aux indigents, rue de l'Arrivée et rue d'Ouessant.

⁕

Outre ces applications pratiques, les recherches de René Quinton ouvriront des voies nouvelles à la biologie générale et aux plus hautes spéculations cosmologiques. Il s'était efforcé de déterminer l'ordre d'apparition des espèces sur le globe par l'étude des températures animales et d'établir l'origine marine de la vie. Il laisse, dans ce domaine, de nombreux travaux inédits.

⁕

Ses études de biologie et de physiologie l'ayant amené à s'intéresser au vol des oiseaux, il ne tarda pas à se passionner pour l'aviation, et, particulièrement, pour le vol sans moteur.

Dès 1908, il fondait un prix de 10.000 francs pour le premier aviateur qui réussirait un vol plané avec moteur calé. A la suite des expériences qu'il suivit avec un intérêt sans défaillance, il étudia les courants ascendants montagneux et les divers problèmes du vol à voile.

Fondateur, en 1908, de la Ligue nationale aérienne, René Quinton qui, capitaine de réserve à la mobilisation, termina la guerre comme lieutenant-colonel commandant un régiment d'artillerie, avait été fait commandeur de la Légion d'honneur pour sa magnifique conduite au front.

Action Française, 11 juillet.

MORT DE RENÉ QUINTON

René Quinton, président de la Ligue nationale aérienne, est mort hier d'une angine de poitrine foudroyante.

L'aviation française perd en lui un de ses premiers pionniers et un de ses meilleurs bienfaiteurs.

René Quinton s'était intéressé, tout jeune, au plus lourd que l'air, il avait fait avec Marey d'intéressants travaux sur cette question et, tout au début de l'aviation, avait fondé la Ligue nationale aérienne.

Biologiste distingué, ancien assistant au laboratoire de physiologie pathologique des hautes études au Collège de France, Quinton aimait interroger la nature ; contredisant ou complétant la théorie du transformisme et de l'évolution, il avait posé « la loi de constance » et avait publié une étude sur *L'eau de mer, milieu organique*, dont il avait fait des applications pratiques.

Capitaine de réserve d'artillerie au mois d'août 1914, René Quinton était revenu de la guerre lieutenant-colonel, commandant un régiment d'artillerie, sa croix de guerre couverte de palmes et commandeur de la Légion d'honneur.

L'Action Française perd en lui un ami dévoué de la première heure : dès l'apparition de la petite revue grise, il était venu apporter à Maurras sa forte sympathie ; depuis, il avait suivi nos progrès de tout son grand cœur, de toute sa haute intelligence.

On nous permettra de dire que, quelques instants avant de mourir, René Quinton s'est penché à l'oreille de son ami Lucien Corpechot et lui a murmuré : « Tu iras embrasser Maurras pour moi. »

B. D.

Action Française, 11 juillet.

RENÉ QUINTON

Que ne pouvons-nous rassembler en quelques citations rapides les magnifiques états de services de notre ami René Quinton, qui vient de succomber, lui aussi, à la traîtresse agression de la mort rapide.

Le temps, l'espace, tout fait défaut aujourd'hui pour écrire un adieu digne de lui. Aucun portrait hâtif ne conviendrait à notre douleur. Le savant, le philosophe, l'écrivain, le patriote, l'homme de guerre, le réactionnaire (oh ! fieffé), l'inventeur, le systématiste, enfin l'homme, l'ami, chacun de ces êtres divers si vigoureusement rassemblés, demanderait une étude particulière. Mieux vaut le laisser parler.

La première fois que je vis le futur auteur de *L'Eau de mer*, il me dit :

— J'appartiens à la famille de Danton. Il était patriote. Il était homme de gouvernement. J'ai reconnu chez vous ses idées.

On lui dit, une fois, comme il sortait d'une réunion de l'*Action Française :*

— Qu'est-ce que vous seriez sans la Révolution?

— Moi, madame? Mais fermier général.

En 1903, lorsque dans la belle *Enquête* de Jacques Morland commença à se définir et à se développer le mouvement de « renaissance de l'orgueil français » qu'avait si longtemps recouvert la religion universitaire et romantique de la supériorité allemande, le biologiste René Quinton fournit les titres de la science française dans les termes éblouissants que voici :

« Les principales sciences biologiques sont : la chimie, l'anatomie comparée, la paléontologie, la zoologie, l'embryogénie, l'histologie, la physiologie, la microbiologie. Or, un homme fonde la chimie : Lavoisier ; un homme fonde l'anatomie comparée et la paléontologie : Cuvier ; un homme fonde la zoologie philosophique : Monet de Lamarck ; un homme fonde l'embryogénie : Geoffroy Saint-Hilaire ; un homme fonde l'histologie : Bichat ; un homme fonde la physiologie : Claude Bernard ; un homme fonde la microbiologie : Pasteur. A Lavoisier, nous devons toutes les connaissances que nous possédons sur la constitution fondamentale du monde ; à Cuvier, les méthodes et les lois qui ont permis la classification des êtres aujourd'hui vivants et la reconstitution de ceux qui peuplaient le globe aux époques disparues ; à Lamarck, la grande pensée de l'évolution ; à Geoffroy-Saint-Hilaire, la notion du parallélisme entre les transformations embryonnaires et les transformations antérieures des espèces ; à Bichat, la révélation des tissus organiques ; à Claude Bernard, l'introduction du déterminisme dans les phénomènes physiologiques ; à Pasteur, la conception de la maladie en même temps que la découverte, par la seule induction, de tout un univers invisible. *Ainsi, les connaissances fondamentales sur lesquelles repose notre conception même du monde vivant ont une origine qui est française.* »

Voilà, ce semble, un souvenir beaucoup plus beau que tous les éloges à déposer sur une tombe comme celle-là. Il atteste le bienfait d'une intelligence. Avec Barrès, avec les amis de Barrès, Quinton a su montrer à la France la voie de son redressement. Il y est entré de lui-même, donnant par ses livres, par ses discours, par ses actes, le plus beau des exemples. Puis la guerre venue, bien heureux, il l'a faite. Il l'a faite jusqu'à la victoire. Il l'eût faite jusqu'à la mort.

Charles MAURRAS.

Journal des Débats, 12 juillet.

RENÉ QUINTON

J'ai connu René Quinton, alors assistant du Collège de France, au laboratoire de Marey, le grand physiologiste. Il y venait souvent pour s'entretenir avec le maître, de ses recherches, de ses espoirs.

Déjà, depuis cette époque, plus d'un quart de siècle s'est écoulé. Je me le rappelle nous contant les miracles qu'il attendait de l'eau de mer. « Car, disait-il, toute vie dérive de l'océan, elle débute dans ses abîmes et nos humeurs, notre milieu interne où sont plongés nos organes ont conservé les mêmes éléments, dans les mêmes proportions. » Il obtint par sa méthode des succès éclatants ; on lui objecta que tout sérum salé pouvait produire la même excitation sur nos tissus. Pourtant, l'eau de mer reste plus efficace, car ce remède naturel, sous le nom de « plasma Quinton », est toujours largement employé, il a reçu la consécration du temps.

Le nom de René Quinton est attaché à un autre problème plus passionnant encore, celui de l'aviation.

Pour étudier le vol des oiseaux, Marey avait inventé le film et cette merveilleuse machine, le cinématographe, que perfectionna A. Lumière en cinématoscope, capable de projeter les images pour toute une salle de spectateurs. Par l'examen direct des images du film, Marey arriva à décomposer les mouvements si rapides des ailes de l'oiseau et distinguait le vol ramé du vol plané. Ces découvertes passionnaient Quinton qui y voyait, non sans raison, les prémisses de la conquête de l'air.

René Quinton réunissait ces deux qualités, trop souvent isolées chez le chercheur, d'être un imaginatif et un tenace. Les deux problèmes que nous venons d'énoncer absorbèrent toute sa vie.

A diverses reprises, il publia des travaux sur l'étude des températures et du sérum des diverses classes d'animaux. Il suivit l'évolution de la vie, et montra que le milieu interne, ou humeurs, des animaux les plus élevés rappelle par ses qualités le milieu marin où s'élaborèrent les formes primitives. Il appliqua ses injections à une foule de maladies. Peut-être allait-il trop loin dans les applications de sa découverte? Mais elle vaut certainement pour un grand nombre de maladies, et les deux dispensaires qu'il a fondés et entretenus rue de l'Arrivée et rue d'Ouessant, sont toujours des plus fréquentés par les indigents.

Quant à son rôle dans les progrès de l'aviation, il est plus connu encore.

En 1908, il fondait un prix de 10.000 francs pour le premier aviateur qui réussirait un vol plané avec moteur calé. Il étudia encore les effets sur ce vol des courants d'air ascendants dans les montagnes. Il fonda, en 1908, la Ligue nationale aérienne qui pleure aujourd'hui la disparition brusque de son président.

Il a succombé hier à une attaque d'angine de poitrine, à l'âge de 58 ans, alors que tout faisait croire à plusieurs années encore de travaux, de succès, de découvertes.

Ainsi s'en vont peu à peu tous ceux que connut ma génération. Mais, avant de partir, ils livrent à ceux qui nous suivent, le flambeau de la science. D'autres viennent qui, eux aussi, seront enthousiastes, aimeront la vérité, se dévoueront pour le progrès.

Dr Félix REGNAULT.

Intransigeant, 12 juillet.

Lorsque René Quinton, qui vient de mourir commandeur de la Légion d'honneur, fut fait chevalier de cet ordre, ce fut à titre civil, il y a une quinzaine d'années.

Le général Marchand, alors colonel, et qui était son ami, vint le féliciter en ces termes :

— Mon cher Quinton, je vous apporte ma croix de Fachoda, je vous la donne, et je viens vous dire pourquoi le gouvernement, dont vous ne partagez pas toutes les idées, vous a fait cependant chevalier de la Légion d'honneur...

— Pourquoi? demanda Quinton, intrigué.

— Parce qu'il est nécessaire que vous soyez un jour commandeur et qu'il fallait bien commencer par le commencement...

Le colonel était bon prophète.

L'Ere Nouvelle, 12 juillet.

LA JEUNESSE LITTÉRAIRE DE RENÉ QUINTON

C'était un soir d'hiver sec et clair ; il lunait sur la ville — aurait dit Joséphin Pelladan. Nous déambulions, lui et moi, le long de l'avenue de Villiers où il habitait et, malgré l'heure tardive, nous ne parvenions pas à nous séparer tant nos esprits étaient agrippés par les spéculations philosophiques et littéraires où ils se complaisaient.

— Mon vieux, me dit-il, quand nous mourrons, nous serons peut-être célèbres... Alors, n'est-ce pas, celui qui restera fera un chic article pour l'autre...

Ce fut juré ; d'autant plus facilement que la mort ne nous apparaissait encore que comme le prolongement de la littérature, car nous avions... vingt ans!

Et c'est moi qui fais l'article.

René Quinton ! C'est toute ma jeunesse, c'est mon plus vieil ami, celui qui fut le confident de mes premiers rêves ; le censeur de mes premiers livres. Il terminait ses études au Collège Chaptal ; moi je sortais du Collège Rollin, lorsque nous nous rencontrâmes au Gymnase Nicolas, situé alors sur le tunnel des Batignolles. De suite, nous fûmes attirés l'un vers l'autre. Il rimait ses premiers vers, j'écrivais alors mes premiers articles dans *La Libre Revue,* dont Félix Fénéon — futur prince des Esthètes — était l'animateur. Il me lut ses vers, je lui passai mes proses.

A cet âge de la vie, Quinton se sentait fortement attiré vers les Belles-Lettres. Poète, il l'était comme on l'est à dix-sept ans ; et j'entends, à cette heure, des vers de lui qui reviennent chanter à mon oreille leur refrain lointain et amer :

> *Ah! tu ne savais pas quelle âme était la mienne ;*
> *Tu la croyais, sans doute, une bohémienne,*
> *Coureuse d'aventure, éprise d'inconnu,*
> *Couchant sous tous les toits, et, le matin venu,*
> *Reprenant son essor, oublieuse et légère...*

Ces essais poétiques n'eurent pas de suite, car, bien vite, Quinton fut hypnotisé par la forte personnalité de Flaubert qui devait orienter sa vie. Acquis à la conception sévère du Maître, il médita d'écrire des œuvres fortes, documentées par la vie, palpitantes de réalités, éclairées par la science. Et il s'attela au labeur.

Ses loisirs, sa situation de fortune lui permettaient ce lent travail de bénédictin auquel l'auteur de *Madame Bovary* s'astreignait. Tourmenté par le style, qu'il voulait d'une clarté impeccable, Quinton n'était jamais satisfait de sa phrase, dont il rabotait les mots l'un après l'autre. Son manuscrit était un damier d'hiéroglyphes que lui seul pouvait lire ; et je l'ai vu recommencer dix fois la même page.

Ah ! les écrivains de nos jours vont plus vite. Ils vous expédient ça, les bougres !... Evidemment, la méthode flaubertiste ne permet pas la copie rapide et la production abondante. Quinton ne tarda pas à s'en apercevoir.

Après dix ans de son dur labeur, il n'avait guère écrit qu'une centaine de pages de son premier roman et une cinquantaine d'un second. Mais quoi !

il avait le temps et envisageait avec sérénité la maquette d'un troisième livre qui devait s'appeler : *Lettres à l'Astre.*

Et c'est alors — 1897 — que survint l'Affaire Dreyfus. Fut-ce sous mon influence, fut-ce de lui-même, je ne saurais le dire, toujours est-il qu'il se passionna pour la revision du procès. La littérature subit une éclipse. Le petit cénacle d'amis que nous avions accoutumé de réunir autour de nous, s'égailla.

Je nous revois encore, un soir de février 1898. Le procès Zola déroulait ses audiences tumultueuses au Palais de Justice. Nous nous étions attardés au Café Napolitain, pour lire dans le *Temps* les débats de la journée. En face, au Vaudeville, avait lieu la première d'une pièce de Sardou. Quand nous quittâmes le café, le Tout-Paris de la critique sortait du théâtre. Rochefort parut, Rochefort qui menait alors l'ignoble campagne que l'on sait.

— Tiens, dis-je à René, voici ce cochon de Rochefort.

— Ah ! le salop !...

Ce disant, Quinton tortillait furieusement sa moustache selon un tic qui lui était familier. Quelques jours plus tard, il partait pour un voyage dans le Sud-Ouest, avec arrêt à Arcachon, où se trouvait le professeur Marey, qu'il devait voir.

Ce fut l'époque de sa vie où Quinton bifurqua, abandonnant la littérature pour la science dans laquelle il devait illustrer son nom. Mais on peut dire que ce fut encore Flaubert, j'entends la méthode flaubertiste, qui l'orienta vers ces nouveaux destins. Voici comment.

Pour écrire les *Lettres à l'Astre*, Quinton, selon la discipline qu'il s'imposait, avait besoin d'une documentation scientifique. Pour l'avoir, il s'astreignit à suivre les cours du Muséum où il rencontra Marey, dont il ne tarda pas à devenir le disciple et l'ami, Marey qui poursuivait alors ses savantes études sur le vol des oiseaux.

Et la transmutation s'accomplit ; en six mois, le littérateur devint un homme de science, apportant à ses recherches un enthousiasme, un labeur analogues à ceux qu'il avait mis dans ses travaux littéraires.

Mais un autre changement devait s'accomplir en lui. L'ayant quitté dreyfusard, quelles ne furent pas ma surprise et ma tristesse de le retrouver acquis aux idées de *La Patrie Française.*

Nous nous disputâmes sérieusement. Etre des frères par le cœur et le cerveau et, brusquement, sentir se dresser entre vous cette Affaire Dreyfus, qui troublait les familles, séparait les ménages, brisait les amitiés, c'est dur !

C'était d'autant plus dur que Quinton étayait ses sentiments sur une conception étrange qu'il m'exposa ainsi :

— Oui, sans doute, Dreyfus est innocent. Mais la question dépasse la vie d'un homme. Il ne faut pas que la foule croie à l'innocence, car alors elle perdrait toute confiance dans ses chefs qui sont à la tête de l'armée. Le salut de la patrie avant tout !...

Cette thèse me révoltait. J'ajoute, d'ailleurs, que, malgré son originalité, elle n'eut point l'heur de séduire les pseudo-intellectuels du Nationalisme. Ayant eu l'imprudence de l'exposer pour expliquer le « nationalisme intégral »

57

de Ch. Mauras, celui-ci m'asséna un copieux article pour me signifier que je ne comprenais rien à sa doctrine.

Heureusement pour Quinton qu'absorbé par ses recherches, il ne s'attarda pas dans la mêlée politique et devint l'homme des laboratoires. Quelques années plus tard, en 1904, il publiait son œuvre capitale : *L'eau de mer, milieu organique*, qui fut une révolution dans la science biologique et orienta la thérapeutique vers des voies nouvelles.

Mais Quinton portait en lui des vies multiples. Après la littérature, après la science pure, son esprit fut requis par l'aviation. Homme d'action, il créa cette Ligue aérienne qui contribua à assurer la suprématie de l'air à l'aviation française.

Et voici la guerre. Quinton était un patriote chez lequel le sentiment chauvin ne se limitait pas aux paroles. Maurice Barrès, après avoir traversé la place de la Concorde au pas de course pour aller s'engager — ce qui nous valut une jolie page d'Henri Lavedan qui nota scrupuleusement jusqu'au « gentil mouvement du menton » — se trompa de direction et fila vers le sud-ouest de la France. Quinton, lui, s'en fut avec sa coutumière sérénité au dépôt d'artillerie où il était affecté. Huit jours plus tard, il était sur le front et y demeura avec une rare ténacité pendant cinq ans, conquérant les galons de commandant et de lieutenant-colonel. Après la double vie littéraire et scientifique, le poète qui sommeillait chez Quinton vivait une épopée napoléonienne.

Tel fut l'homme. Son cousin, mon distingué confrère, Lucien Corpechot, qui veilla sur son agonie, a consacré à son œuvre une étude plus documentée que ces courtes lignes. Mais, qu'il s'agisse d'un livre ou d'une chronique, les traits sous lesquels apparaît cette noble figure peuvent se fixer dans ces mots : Intelligence et Loyauté, Travail et Courage.

Armand CHARPENTIER.

Le Gaulois, 13 juillet.

RENÉ QUINTON

Ce nom-là signifie pour nous, grandeur d'âme, science, lyrisme, les plus hautes qualités de l'intelligence associées aux vertus civiques et au courage militaire. Combien de fois Barrès m'a-t-il répété que personne ne lui avait donné l'impression du génie comme Quinton !

Dans les faubourgs des grandes villes et jusque dans la lointaine Égypte, où il est allé combattre le choléra infantile, ses dispensaires marins l'ont rendu populaire. Les mères qui ont vu leurs nourrissons agonisants tirés du tombeau grâce à la méthode qu'il a découverte, lui gardent une reconnaissance qui s'exprime aujourd'hui de la façon la plus touchante. Mais nous autres artistes, savants, écrivains de sa génération, dont il fut *l'animateur*, quel témoignage nous lui devons ! Demandez à tous ceux qui l'ont connu quel ascendant il exerça sur eux, quelle flamme vivait en lui, quelle chaleur il vous transmettait. J'en appelle au Président Painlevé comme à Paul Bourget et à Charles Maurras, au général Marchand, son témoin à la guerre, comme au docteur Jarricot, l'auteur d'un maître livre sur le dispensaire marin, à la comtesse de Noailles comme à Jules de Gaultier, le philosophe, à Guy de Passillé, notre collaborateur, comme à Dardé, le grand sculpteur. « Quel potentiel ! s'écriait, un jour, en le quittant, le docteur Albert Charpentier, et quelle force spirituelle il dégage ! » « Çà, c'est un chef ! », disaient de ce capitaine de réserve les artilleurs de sa batterie, et déjà tous ceux que j'ai invoqués, penseurs, philosophes ou poètes, lui donnaient dans leur cœur ce titre et cette place.

*
* *

La science et la guerre, c'est tout un. La science, c'est la guerre à la nature dans ce qu'elle a de fermé et d'hostile à l'humanité. Il faut, pour découvrir l'invisible, les mêmes vertus, le même héroïsme, la même intelligence que pour vaincre le plus acharné des ennemis. Le laboratoire est un champ de bataille. Il requiert ce même courage, dont la source est dans la forme de l'âme, et qui a son emploi devant le microscope comme devant le feu des canons. Habitués depuis un siècle aux prodiges de la science, nous ne songeons pas assez à la vaillance, à l'énergie, à la magnanimité qu'il a fallu à des hommes comme Lavoisier, comme Claude Bernard, comme Pasteur, pour oser voir ce que personne n'avait entrevu avant eux. Se dire que sur des questions essentielles, l'humanité tout entière s'est trompée ou est restée aveugle, et que soi seul on voit, on sait, on est désabusé, quel drame dans une conscience et comment ne recule-t-on pas d'effroi, comme devant un paysage embrasé par le feu des obus !

Ne vous y trompez pas, Quinton était de cette race magnanime. A la guerre, sept citations, toutes plus belles les unes que les autres, à faire envie à un Marchand ! Au laboratoire, la découverte des origines mêmes de la vie, et ce pont vertigineux jeté entre la naissance des mondes et les conditions de la vie actuelle, ces lois de constance qui établissent que rien n'a varié de ces conditions depuis l'apparition de la première cellule au sein des océans jusqu'à nos jours, puis, la détermination par les températures animales de l'époque exacte où les espèces sont apparues sur le globe, pour ne parler que des découvertes essentielles de cet esprit toujours en mal d'invention, et qui, du temps où il travaillait dans le laboratoire de Marey, il y a trente et quelques années, avait prévu tout le développement de l'aviation et prédit jusqu'au vol à voile.

*
* *

Il y a deux sciences, et nous les confondons trop facilement : celle qui consiste à enseigner tout ce qui fait partie du patrimoine des connaissances humaines, la science des professeurs et des hommes de bibliothèque, et puis une autre, celle des audacieux, des poètes, des lyriques, celle qui invente, découvre, perce les mystères : celle des hommes d'intuition, dont l'imagination féconde recrée l'univers et dont l'intelligence s'applique à confronter les visions avec la nature. Vérifiées, leurs grandes rêveries deviennent notre conception du monde. C'est en ce sens que Gabriele d'Annunzio a pu écrire : « Le monde est un don de l'élite à la multitude. » Les travaux de Quinton le classent parmi cette élite.

59

On le saura mieux qu'aujourd'hui quand nous aurons publié les livres que la mort ne lui a pas permis d'achever. Cet homme de science était un écrivain. Il avait le goût et, s'il est permis de le dire, la manie de la perfection. Lisez dans son volume, *L'eau de mer, milieu organique*, son chapitre sur «le Vertébré », vous verrez quelle griffe ! Mais ce goût poussé à l'extrême l'a retenu de publier. Il laisse une bibliothèque de travaux inédits. Elle atteste l'ampleur de ses préoccupations. Si les hommes valent par le nombre et la qualité de leurs inquiétudes, que vaut ce grand remueur d'idées que nulle énigme ne laissait en paix?

La guerre qu'il a faite avec tant de vaillance lui a inspiré un livre de maximes profondes. Il nous disait : « Le courage a ses détracteurs, il faut réhabiliter le courage, c'est l'épreuve de l'intelligence. » C'est à quoi tendent ces *Maximes* nées d'une expérience héroïque du sujet.

L'une d'elles dit : « La conception d'un paradis tranquille est une conception d'esclave. » A elle seule, elle résume l'idée qu'un homme comme Quinton se faisait de la vie. Tous ses collaborateurs à la Ligue nationale aérienne, dont il était le président et le fondateur, savent que son existence était une lutte perpétuelle. Son rôle de précurseur fut peut-être plus lourd encore que son rôle d'inventeur. L'aviation militaire et l'aviation sanitaire, qui a acquis une telle importance dans la guerre du Maroc, doivent beaucoup à son inlassable activité.

La mort l'a pris à l'improviste dans sa cinquante-neuvième année, en pleine activité cérébrale. M. Laurent-Eynac, qui a eu deux jours avant son décès une importante conversation avec lui, pourrait dire avec quelle lucidité, avec quel discernement il parlait encore, ce jour-là, de l'aviation et de ses développements nécessaires. C'est encore une de ses maximes que « les braves meurent rarement le jour où ils s'exposent le plus ». Il a expiré en pleine connaissance, décrivant lui-même les progrès de la crise d'angine de poitrine qui l'emportait. « L'attente de la mort, disait-il, peut ne pas troubler l'âme, mais elle la remplit. » Elle a donné à la sienne une grandeur stoïque qui met le sceau de la sincérité sur son œuvre et sur sa vie.

Lucien CORPECHOT.

Le Figaro, 13 juillet.

SUR LA MORT D'UN SAVANT
RENÉ QUINTON

« ... Les héros sont crucifiés d'avance, ils marchent au risque suprême jusqu'à la mort; ils sont les aspirants de la mort. »

A mesure que le destin abat sur la route de notre vie les hautes figures qui en coupaient la monotonie et illustraient l'horizon, la nouvelle de leur mort soudaine nous cause une douleur qui occupe tout l'esprit et ne s'accompagne plus de stupeur.

La surprise, les vaines lamentations s'exhalent avec raison des jeunes cœurs voués à l'étonnement, et font un cortège émouvant, mais superflu, aux morts stoïques, dont l'essence vivante avait toujours dépassé le niveau où viennent se heurter et se courber les fronts.

Si l'on a vécu, l'on sait que le malheur, plus exigeant, plus paré que le bonheur, s'avance avec faste, veut être reconnu, et pour sa sombre gloire vient interrompre les travaux insignes de ceux en qui vit l'humanité. Il rejette, inerte, dans la nature, la substance privilégiée dont l'organisation agissante avait donné, par sa perfection, le spectacle de la sagesse : excuse et rédemption de l'aveugle univers !

René Quinton s'est éteint à l'âge puissant de la vie. Le souffle opprimé, résigné devant l'extrême souffrance, lucide, sans réclamer contre le sort, il a rejoint les principes du monde qu'il avait médités avec génie, dont il s'était approché plus qu'aucun autre, qu'il avait, si l'on peut dire, maniés avec la familiarité éblouie d'un fils autorisé des éléments et de l'espace. Il a vu venir la mort et ne l'a point haïe, lui qui, il y a vingt ans, ne se consolant pas du supplice de Lavoisier, s'écriait devant moi : « Songez au moment où Lavoisier, avec sa tête, a compris qu'elle allait tomber ! » Mais depuis, ce grand savant avait été un soldat inouï, et quelques phrases retrouvées dans ses lettres éclairent pour nous son magnifique désintéressement : « Les héros sont crucifiés d'avance, ils marchent au risque suprême jusqu'à la mort ; ils sont les aspirants de la mort. — Le héros fait bon marché de son corps, parce qu'il lui est étranger. — L'âme et le corps ne font qu'un chez les hommes, ils sont différenciés chez le héros, le corps du héros n'est que son valet d'armes. — La nature confie au héros les actes trop lourds pour le reste des hommes. »

Devant le silence qui s'empare en un instant de ces cerveaux mystérieux où se pressaient et se multipliaient les pensées créatrices, on ne peut s'empêcher de songer à ce qu'a parfois de frivole la gloire littéraire.

Le savant est, parmi les penseurs, le chef. C'est dans la proportion où le poète, le romancier, le philosophe atteignent à la science, interrogent les lois secrètes et éternelles, s'appuient à un fragment de la roche inattaquable du vrai, qu'ils sont assurés de ne point périr. D'emblée, le génie scientifique parcourt avec aisance les sommets que contemplent, qu'observent, qu'implorent les autres princes de l'esprit. Il est né où, péniblement, nous tâchons à nous hausser. Il n'est pas de créature consciencieuse et véridique qui n'avouerait l'orgueil qu'elle éprouve à se sentir transportée, fût-ce un instant, dans ces régions de la foudre et des astres où se cache et se livre parfois la révélation.

René Quinton, habitant de l'altitude, joignait à la robustesse de ceux qui se nourrissent de l'éther le plus altier la modestie naturelle de ceux qui n'ont que peu d'égaux, et cette gentillesse de l'âme farouche que charme jusqu'aux pleurs le son de la lyre. Aux rets de la poésie, de la musique, Quinton semblait le noble fauve que la fine résille d'un filet immobilise dans le ravissement.

Le génie orchestré de Maurice Barrès, les profondeurs de ce caractère multiple et secret dont quelques-uns ont connu le trésor, firent goûter à René Quinton les bonheurs de l'amitié, que lui prodiguait, aussi, par d'autres liens de l'esprit et de la connaissance, son illustre parent de l'intelligence, M. Paul Painlevé.

Ce que l'un de ces grands savants disait de l'autre était comme réversible par la noblesse du ton, la fidélité dans l'attachement. C'est la voix du célèbre mathématicien qui, aujourd'hui, dans la demeure silencieuse, adressera à celui qui l'eût le mieux compris, l'adieu fraternel.

Il faut avoir connu Quinton pour savoir ce qu'est l'énergie constante, la résolution toujours prête, et ce qu'il appelait avec passion, dans un sursaut d'âme contre toute faiblesse, « l'insulte à l'instinct ».

Pourtant, j'ai parfois vu ce visage glacé d'austère amour s'attendrir jusqu'à la fièvre, jusqu'au tremblement. C'est quand il citait les paroles, demeurées obscures, de ses grands confrères. Voici deux exemples : un biologiste, apportant à ses élèves les certitudes que lui avaient procurées ses minutieux travaux, se contentait de leur dire avec modestie : « Elles ressemblent à des vérités. » Un professeur fameux et vénéré, prenant congé de ses disciples et leur livrant l'œuvre indestructible qui soutient sa gloire, leur adressait par amour du futur, du progrès, du constructif avenir, ces mots sublimes : Démolissez-moi ! »

. * .

J'ai sous les yeux aujourd'hui le petit dictionnaire Larousse, où Quinton, ayant en vain, un matin, chez moi, cherché une feuille de papier sur laquelle marquer son adresse, s'avisa avec promptitude et gaieté d'inscrire son nom et le renseignement désiré entre Quinte-Curce et Quintilien.

La postérité retiendra ce nom que des ouvrages inédits et des découvertes non encore publiées éclaireront de feux nouveaux.

Soldat magnifique pendant la guerre, Quinton unissait à l'amour sans bornes pour sa patrie l'intérêt que tout grand esprit porte à l'humanité.

Enonçant devant moi les facultés qu'avait la France, dans sa prodigue sympathie, de mieux comprendre, de mieux savoir, de mieux aider le génie différent des autres nations : « J'aime mon pays, me dit-il, parce que j'aime les hommes. »

Ecoutons encore cette confidence exacte et brûlante du cœur qui ne s'est point éteint, mais qui se lègue à d'autres : « C'est une erreur de croire que tous les hommes sont susceptibles de concevoir une conduite héroïque, et que seul le moral leur manque pour la réaliser. Le héros est inimitable parce que le principe de ses actes est l'amour, et qu'il ne fait rien par effort, mais tout par volupté. »

Comtesse DE NOAILLES.

Action Française, 15 juillet.

RENÉ QUINTON

La mort du génial savant, merveilleux bienfaiteur de l'humanité, en qui il y avait un sublime héros, n'a pas intéressé la presse, remarque M. André Billy, dans le *Petit Journal*. Le procès intenté par la cour de Dayton à un professeur évolutionniste fait grand bruit.

« Et Quinton? Avez-vous déjà entendu parler de René Quinton? Justement, il vient de mourir. Les journaux en ont profité pour rappeler les efforts déployés par lui en faveur de l'aviation. Pourquoi aucun d'eux n'a-t-il évoqué sa théorie de la constance, qui s'oppose avec succès sur bien des points à la théorie de Darwin?

« D'après Darwin, la nature veut que toutes les espèces aillent en évoluant par voie de sélection. D'après Quinton, au contraire, la nature tend à reproduire indéfiniment les mêmes types, à l'intérieur d'une même espèce. Et il semble bien, autant qu'on puisse affirmer quelque chose en ces matières, que ce soit Quinton qui ait raison.

« Mais nous avons laissé mourir Quinton sans une ligne d'hommage à son œuvre scientifique et nous nous amusons comme des enfants à l'idée d'un procès intenté à un professeur de Dayton coupable d'avoir enseigné que l'homme descend du singe, théorie absurde et démodée, qui n'est que la caricature du darwinisme.

« Une pareille négligence, une pareille légèreté de notre part, nous enlève, à mon avis, le droit de rire des gens de Dayton. »

Et quelle ingratitude envers un homme à qui, par les applications thérapeutiques de ses découvertes, injections d'eau salée contre l'épuisement hémorragique, par exemple, des centaines de milliers de vivants doivent de vivre encore !

René Brecy.

Le Drapeau, juillet 1925.

RENÉ QUINTON

René Quinton, qui vient de mourir prématurément, était depuis 1920 membre du Comité directeur de la Ligue des Patriotes. Sa disparition nous irait donc au cœur, même si elle n'atteignait pas la France dans un de ses fils les plus dignes et la science française dans un de ses représentants les mieux qualifiés.

Ce grand savant meurt comme notre Barrès dont il fut l'ami, d'une attaque foudroyante d'angine de poitrine. En lui, l'aviation française perd l'un de ses premiers fondateurs et de ses meilleurs bienfaiteurs.

René Quinton s'était intéressé tout jeune au plus lourd que l'air, il avait fait avec Marey d'intéressants travaux sur cette question et, tout au début de l'aviation, avait fondé la Ligue nationale aérienne.

Biologiste distingué, ancien assistant au laboratoire de physiologie pathologique des hautes études au Collège de France, Quinton aimait interroger la nature ; contredisant ou complétant la théorie du transformisme et de l'évolution, il avait posé « la loi de constance » et avait publié une étude sur *L'eau de mer, milieu organique*, dont il avait fait des applications pratiques.

Capitaine de réserve d'artillerie au mois d'août 1914, René Quinton était revenu de la guerre lieutenant-colonel, commandant un régiment d'artillerie, sa croix de guerre couverte de palmes et commandeur de la Légion d'honneur.

La presse a rendu à René Quinton le bel hommage qui lui était dû.

63

Tel est l'homme que vient de perdre la France. L'homme ! c'est-à-dire le citoyen, le penseur, le savant, dont le nom, presque ignoré de la foule aujourd'hui, projettera sur l'avenir des rayons de sa gloire alors que seront tombés dans un juste oubli tant de charlatans et de batteurs d'estrades dont les personnalités encombrantes et tintamaresques égalent tout simplement zéro.

F. G.

Les Ailes, 17 juillet.

RENÉ QUINTON

Le lieutenant-colonel René Quinton est mort jeudi soir, 9 juillet 1925, à 21 h. 30.

En deux lignes, voilà le fait brutal, navrant. Ce que signifie ce fait, la douleur qu'il provoque, les regrets qu'il suscite, il faudrait un livre pour l'exprimer. La mort de René Quinton est une perte immense pour la France, pour l'aviation, pour tous ceux qui eurent le bonheur trop bref de bien connaître l'homme dont la moindre qualité était une conception étincelante de la droiture et de l'honneur. Jusqu'à la mort, jusque dans les derniers moments de son horrible agonie, René Quinton a été un modèle de courage, un exemple d'énergie et il s'est éteint fièrement, sans peur et sans reproche, comme il avait vécu.

Je pourrais dire quel est l'ami des premières heures que nous perdons ici, aux *Ailes*, en René Quinton. Mais son œuvre est telle que je refoule volontairement en moi-même les sentiments de gratitude personnelle pour essayer d'exhaler, en ces quelques lignes, les raisons qu'a la France entière de conserver pieusement et toujours, le souvenir de cet homme admirable qui sût être à la fois un savant de haute valeur et un soldat magnifique.

Pour nous, gens de l'Aéronautique, René Quinton a été et restera le promoteur de ce mouvement incomparable qui, en 1908, aboutit à la création de la Ligue nationale aérienne. René Quinton fut l'instigateur et l'âme de la Ligue nationale aérienne ; il coordonna les efforts épars, il galvanisa les volontés les plus hésitantes, il constitua, en un mot, ce groupement aux idées généreuses qui, pendant cinq années, jusqu'en 1913, allait accomplir la grande et belle tâche de propagande aéronautique que l'on connaît et que devaient, hélas, saper la jalousie des uns et la veulerie des autres.

La foi indéfectible de René Quinton n'en fût pas atteinte. L'apôtre, le croyant sincère qu'il était en l'avenir de la locomotion aérienne, reparut au lendemain de la guerre ; on le retrouva pour défendre, avec cet enthousiasme presque juvénile, indispensable au succès des grandes causes, la question si controversée du vol à voile. Il se donna à la petite aviation — à l'aviation à grande finesse, disait-il — comme il s'était donné, dix ans auparavant, à l'idée même du plus lourd que l'air. Ces tout derniers temps, enfin, il avait caressé le rêve de remettre dans la bonne voie un puissant groupement de propagande et c'est au moment où il travaillait de tout son cœur, de toutes ses forces, à cette louable idée, que la mort est venue l'emporter.

L'œuvre aéronautique de René Quinton est considérable. Son œuvre de savant ne l'est pas moins : elle est peut-être encore plus belle. Il n'est pas possible d'entrer dans le détail de ses travaux scientifiques mais tout le monde connaît ce que l'on appelle communément les « piqûres d'eau de mer ». Or, ce n'est autre que le « plasma » de Quinton. Pour répandre les bienfaits de sa découverte, le savant créa, dans le quartier Montparnasse, un dispensaire où, *gratuitement*, on pratique, notamment sur des enfants, les piqûres d'eau de mer dont les résultats sont tout à fait remarquables. Il est permis de dire que René Quinton a ainsi arraché à une mort quasi-certaine, *des milliers d'êtres humains*, et ce n'est certes pas son moins beau titre à la reconnaissance nationale.

Quand la guerre éclata, René Quinton était, de par son âge, moralement dégagé de toute obligation militaire. Qu'importe ! Il obtint de partir au front comme capitaine, commandant une batterie d'artillerie. Sa conduite pendant les hostilités fut telle, que, la guerre finie, il revint lieutenant-colonel, commandeur de la Légion d'honneur, et titulaire d'une croix de guerre ornée de nombreuses palmes. On cite de lui de véritables exploits ; par exemple, lors de l'offensive allemande de mai 1918, où les canons de ses artilleurs avaient été détruits après un « marmitage » intense, il rallia une section de mitrailleurs avec laquelle il tint tête une journée à l'ennemi qui le débordait de tous côtés.

Voilà ce que fût l'officier ! Il montra sous l'uniforme la même énergie, la même ardeur que celles dont il avait fait preuve sous la blouse du savant.

L'énergie de René Quinton était digne des plus beaux exemples. Il me donna de cette énergie une preuve suprême *en m'appelant lui-même au téléphone*, quelques heures avant sa mort, pour me faire ses adieux. Je crois que même s'il m'est permis de vivre cent ans, je n'oublierai jamais cette voix nette, précise, à peine altérée, que j'écoutais, angoissé et tremblant. Il était dix heures du matin. René Quinton croyait n'avoir plus qu'un quart d'heure, une demi-heure au plus à vivre. *Il me le dit...* avant de me prodiguer une dernière fois ses conseils et ses encouragements, me laissant dans un état qui contrastait étrangement avec son extraordinaire résignation au fait inévitable. Le soir même, René Quinton mourait.

L'homme admirable qui disparaît laisse une veuve éplorée et une foule d'amis que la douleur étreint. Nous sommes au nombre de ces derniers et nous pleurons celui qui n'est plus, mais qui restera dans nos cœurs, malgré la mort, le vivant symbole du grand Français.

Georges HOUARD.

Mercure de France, 1er août 1925.

RENÉ QUINTON

A quarante kilomètres de Troyes, aux confins de la Bourgogne et de la Champagne, dans une plaine que soulèvent de vastes mouvements de terrain, où flottent, dans un air vif, des lambeaux de forêts est, sur les bords de l'Ource, le village de Loches. C'est là que depuis plus de trois siècles se succèdent des générations de la famille maternelle de René Quinton, les Amyot, à laquelle se rattachent, à deux siècles d'intervalle, le traducteur de Plutarque et l'homme de ce propos illustre : « On n'emporte pas la patrie à la semelle de ses souliers », Danton. Et c'est là que, le 13 juillet dernier, le docteur Jarricot, au bord du caveau qui allait se refermer sur la dépouille de René Quinton, son beau-frère, prononçait les dernières paroles qui lui devaient être adressées à haute voix. Ce suprême colloque ne s'acheva pas par l'adieu coutumier. Combien j'en fus touché ! Quinton n'était pas de ceux à qui on dit adieu. Ses amis conserveront durant leur vie, les ayant gravées dans leur esprit, son image et sa pensée. L'histoire, après eux, fera le reste, l'histoire des idées, l'histoire des sciences, l'histoire aussi telle que la traduisait l'ancêtre Amyot sur le texte de Plutarque.

Ce souvenir de la personnalité de Quinton interdit à ses amis de s'attarder à l'expression de leur douleur. Il leur fait aussi une nécessité de méditer sur sa vie, sur ses idées, sur ce qu'il fut le plus expressément. J'obéis à cette nécessité, et si tout d'abord je recherche le reflet de sa personnalité dans l'image qu'en formèrent à son contact les autres hommes, je recueille ce témoignage apporté par Lucien Corpechot : « Combien de fois, relate-t-il dans son bel article du *Gaulois*, Barrès m'a-t-il répété que personne ne lui avait donné l'impression du génie comme Quinton ! »

J'assistai au premier éveil de ce sentiment chez Maurice Barrès. C'est chez moi qu'au mois de mars de l'année 1900, il rencontra Quinton pour la première fois. Je reçus peu de jours après ses confidences. Dix ans plus tôt, j'avais moi-même éprouvé une impression identique à ma première entrevue avec Quinton. Quinton avait alors vingt-trois ans. « Génie » est un terme dont je ne suis pas prodigue ; je le prends pourtant ici au sens étroit et physiologique et je tiens pour une bonne fortune exceptionnelle le fait d'avoir assisté à l'épanouissement de cette réussite humaine. Mais combien n'en ai-je pas vu, parmi ceux qui connurent Quinton, recevoir cette même impression que Barrès et moi ressentîmes ! Je n'évoquerai, parmi les souvenirs trop nombreux, que celui de Rémy de Gourmont qui ajouta aux lois de constance de Quinton le beau chapitre des lois de constance intellectuelle, et ce n'est certes dans cette revue ni Alfred Vallette ni Louis Dumur qui récuseront mon témoignage.

N'est-ce pas d'ailleurs ce caractère d'exception dont il était marqué qui désigna Quinton à l'admiration et à l'amitié d'hommes aussi divers qu'un Maurras ou un Painlevé?

N'est-ce pas à cette fascination que se montrèrent sensibles des êtres eux-mêmes exceptionnels, une Segond-Weber, une comtesse de Noailles, un Marey, un général Marchand?

.*.

Mais ce que j'ai hâte de rechercher, après avoir constaté ce fait de fascination, c'est le principe d'où il émanait et en quoi consistait la force objective et réelle de cet esprit. Or, il semble qu'il résida en la richesse extraordinaire d'une énergie mentale prête à s'élancer dans toutes les directions de l'esprit et à associer les pouvoirs les plus contraires. C'est ainsi que le sens critique le plus intransigeant s'unissait chez lui aux facultés créatrices les plus vives. L'enthousiasme et l'admiration étaient, selon une méthode inconsciente, sa manière de s'emparer des objets et des idées. Il les magnifiait, les exaltait jusqu'à la perfection de leur réalité et c'est après s'en être épris, après avoir pu paraître dominé par eux, qu'il les soumettait à une critique d'une impitoyable lucidité, et que, les comparant à d'autres objets, à d'autres idées de diverses grandeurs, il les situait à leur place exacte sur le plan du monde. Il était entraîné impétueusement dans toutes les directions de l'esprit, mais la rectitude de sa critique s'appliquait avec la même pertinence à quelque objet que ce fût et, qu'il s'agit de peinture, de musique, de poésie, de style ou d'art dramatique, procédait d'une telle hauteur que ses vues, empruntant à l'esprit ses lois les plus générales, dominaient toujours la matière particulière qu'il maniait.

Chez un tel esprit, sollicité vers de multiples orientations où il eût également excellé, une dispersion excessive de l'effort était à redouter. Aussi fût-ce un spectacle magnifique que d'assister à la conquête par une grande idée de toute cette richesse de l'énergie spirituelle, à cette dérivation vers un but unique de toutes ces virtualités divergentes. Ceux qui connurent Quinton vers sa vingt-troisième année, se souviennent que sa vocation semblait être alors d'ordre littéraire. Je lui entendis à cette époque réciter un poème composé dans une langue d'un métal sonore et dans la manière tendue de quelques poèmes de Louis Bouilhet. Il avait entrepris un roman. Il me lut un acte qui, sous le titre de *Dampierre*, le nom du héros, apparaissait comme une contribution à la psychologie de Don Juan, et différentes scènes d'un drame inspiré par une cause judiciaire qui eut alors en Algérie quelque retentissement. On songe à Claude Bernard, qui préluda par des essais de comédies à ses beaux travaux de savant. J'ignore ce que valaient ces comédies du grand physiologiste, mais il n'est pas douteux que les premières tentatives de Quinton étaient mieux que des promesses et qu'elles eussent pu retenir et orienter d'une façon définitive un esprit moins difficile à contenter que le sien.

Péripétie pathétique et où se joue un double destin, celui de l'homme et celui de l'Idée. Comment devient-on ce que l'on est? Ce en quoi quelque jour l'éternité vous change? Comment une grande idée parvient-elle à se rendre maîtresse dans un cerveau, à n'être pas étouffée par les autres végétations spirituelles qui se pressent autour d'elles, d'autant plus nombreuses et menaçantes que le cerveau est plus riche et plus fécond? Quelles circonstances mystérieuses interviennent et la font triompher?

Comment Quinton, qui eût pu s'illustrer comme romancier ou comme auteur dramatique, qui eût toujours été, en n'importe quel genre, le grand écrivain qu'il est, comment Quinton est-il devenu le créateur des lois de constance, de la plus belle hypothèse sur l'évolution qui ait été jamais proposée, et que les faits confirment avec une incroyable unanimité?

Cette idée, qui marque à mes yeux le point culminant de sa pensée, implique, ainsi que je l'ai précédemment exposé (1), une incidence absolument nouvelle de la science sur la philosophie.

En attribuant une cause positive et définie à l'évolution, une cause dont les effets s'y accomplissent sous nos yeux dans toute la suite de ses

(1) *Une signification nouvelle de l'idée d'évolution* in *La dépendance de la morale et l'indépendance des mœurs*, 1 vol. in-18, « Mercure de France ».

changements, elle met fin à ce messianisme laïque, succédané de l'autre, qui remplace le Paradis par le Progrès et voit, dans un mouvement ascendant de la vie se perfectionnant sans cesse en de nouvelles espèces, une prédestination, et qui se réalise, selon un automatisme miraculeux, vers un état de bonheur. La théorie du maintien ne laisse pas de place à l'avidité de cet espoir. Elle repose sur quelques conceptions très simples : celle d'une opposition et d'une corrélation entre la cellule vivante et le milieu dans lequel elle se développe, le fait que certains états du milieu correspondent à la prospérité de la cellule, états de température, de composition chimique, de concentration moléculaire, le fait que ces états se modifient, qu'en se modifiant ils compromettent la prospérité de la cellule et que celle-ci réagit. Cette réaction détermine les associations de cellules que sont les organismes et, au sein de ces organismes, cette série de modifications qui constitue la succession des espèces et en quoi consiste l'évolution.

Il s'est trouvé des esprits qui ont vu, dans les lois de constance, les uns un thème finaliste, les autres une pétition de fixité, quelques-uns même une négation de l'évolution.

Les lois de constance ne nient pas l'évolution, elles l'expliquent.

La part de fixité qui y est impliquée est un moyen du changement. Toute mystique finaliste est exclue, l'apparition des espèces, réalisant dans son intégralité le cycle du phénomène, ne permettant à aucune aspiration, à aucun messianisme de se formuler au delà.

Quinton n'a jamais apporté dans ses recherches de savant quelque souci philosophique que ce soit. Esprit strictement scientifique, il était constitutionnellement rebelle à toute métaphysique. Cette attitude est garante de l'objectivité de ses découvertes. Elle leur confère, aux yeux du philosophe, tout leur prix et c'est pourquoi, raisonnant en philosophe, en philosophe qui ne place rien au-dessus de la philosophie même la science, cette vue magnifique sur l'évolution, qui se situe au premier rang de son œuvre, me semble propre à transformer la sensibilité philosophique.

Quand l'humanité sera délivrée de la chimère du lendemain, quand elle saura que la vie tout entière tient dans le feu constamment renouvelé de l'instant, elle apprendra à presser tout le suc dont regorge l'instant dans le moment qu'il s'écoule, à y distinguer et à y goûter cette saveur de la beauté par quoi toute vie est ennoblie.

.

Comment Quinton s'est-il détourné de travaux de cet ordre pour donner cours à d'autres modes très différents de l'activité? Cela tient à cette richesse dont je faisais, au début de ces pages, le trait caractéristique de sa personnalité. Cette richesse, toujours prête à ruisseler, je ne l'ai considérée que dans le domaine de l'intelligence. Mais le cœur et la sensibilité n'étaient pas moins avides que les diverses modalités de l'esprit d'en réclamer leur part. C'est pourquoi, ayant découvert la persistance du milieu marin à travers toute la série animale comme condition du haut fonctionnement des cellules, il avait été amené à envisager l'action thérapeutique de l'eau de mer comme moyen curatif. Ce savant ne sut rester insensible au souci de guérir les hommes.

68

De là cette recherche d'une méthode de traitement, ces injections sous-cutanées d'eau de mer réduite à l'isotonie et ces créations de dispensaires qui devaient donner, dans la guérison des maladies infantiles, de si féconds résultats. Ces résultats devaient toucher Quinton dans son patriotisme. Il lui importait de conserver à son pays des corps sains et d'enrayer cette dépopulation qui appauvrit une des régions où l'espèce humaine développe, parmi le jeu de la diversité, quelques-unes de ses plus belles variétés.

Le même souci patriotique poussait un esprit inaccessible à l'illusion pacifiste à se passionner à cette science aéronautique dont il fut un des premiers à prévoir à quelles applications elle donnerait lieu, en un avenir que presque personne alors ne croyait aussi proche. De là cette carrière dans les milieux de l'aviation et ces fonctions de président de la Ligue nationale aérienne qu'il fonda et de vice-président de l'Aéro-Club de France. D'autres plus qualifiés que moi ont exposé déjà avec quelle ardeur, avec quelle énergie perspicace il les accomplit.

**

Cette richesse de sensibilité, qui chez un autre eût risqué d'appauvrir les fruits de l'intelligence, se manifesta enfin sous sa forme la plus éclatante au cours de la guerre. Je ne sais quelle pudeur dont j'ai honte — ou est-ce la peur de l'invraisemblance? — m'empêche de relater ici des actions où l'audace et le courage du soldat et du chef le disputent en beauté à l'intelligence du savant. Aussi sais-je gré à M. le Président Painlevé, son ami, honorant sa mémoire sur le seuil de la maison mortuaire, d'avoir su dire, pour qualifier cette période de sa vie, que, pendant ces cinq années de guerre, le lieutenant-colonel Quinton inscrivit son nom aux pages de la Légende héroïque.

J'ai noté déjà que le nom de Quinton appartient à l'histoire. Il convient qu'ait été désigné le geste élancé par lequel une âme héroïque s'élève de l'Histoire à la Légende.

**

Cette irradiation de l'énergie dans les directions les plus diverses, ses amis la redoutaient comme pouvant être nuisible à ce qu'ils considéraient comme le plus important de son œuvre, ses recherches dans l'ordre de la biologie. Je ne lui célai pas tout d'abord, et à diverses reprises, mon sentiment à cet égard. Je cessai quand je compris la vanité qu'il y avait jusqu'au ridicule à vouloir qu'une activité de cette violence fût autre qu'elle n'était. Il savait bien, quant à lui, avec la sûreté parfaite de son sens critique, qu'il n'était pas libre et qu'il devait accomplir son destin, tel que l'ordre de ses énergies le lui avait façonné.

Le Dr Grangier, son ami, s'était heurté à la même résistance, quand, il y a quelques mois, il lui avait conseillé, avec toute l'insistance qu'il fallait, une diminution de son activité laborieuse. « Quinton, me disait-il le jour des obsèques, a vécu six existences d'homme. Comment un organisme pourrait-il faire face indéfiniment à une telle dépense? » Quinton savait aussi cette impossibilité. Il savait encore mieux que restreindre sa dépense dans l'ordre de l'énergie lui était également impossible. La lucidité était sa vertu essentielle.

69

A ceux qui, à la dernière heure, tentaient de faire luire quelque espoir de salut et d'en interposer l'écran entre ses yeux et la mort : « Ne m'enlevez pas mon honneur », disait-il.

S'il fut sourd à tout conseil quant à la disposition de son activité intellectuelle, c'est aussi peut-être qu'il en connaissait mieux les ressources et qu'elles pouvaient suffire à de multiples tâches...

J'ai appris avec joie par Lucien Corpechot, son parent et son ami, dans les bras de qui il mourut, qu'il laissait achevé, outre des *Maximes de Guerre* d'une grande beauté, un travail sur les Pôles, dont il m'avait prié, avant la guerre, de conserver la première ébauche.

Parallèlement à ses travaux d'ordre plus pratique, il n'avait donc cessé de développer une conception d'une extraordinaire importance et dont le manuscrit, m'a-t-on dit, forme la valeur d'un très gros volume.

On n'attend pas que je mette sur pied, en quelques pages, une personnalité aussi complexe que celle de René Quinton, ni que j'expose le cours d'une vie aussi remplie. Si le temps ne me manquait pour une pareille entreprise, la difficulté s'y opposerait aussi de contraindre une trop proche émotion pour ne laisser place qu'au souci d'une analyse et d'une observation objective.

A résumer pourtant en un trait général de physionomie, l'impression que peut susciter chez un « amateur d'âmes » le spectacle de cette vie humaine, je noterai qu'en René Quinton la fougue et la prodigalité du XVIᵉ siècle s'alliaient à la raison du XVIIᵉ.

Jules DE GAULTIER.

La Syrie, 3 août 1925.

RENÉ QUINTON

Une lumière s'éteint qui jeta le plus vif éclat sur la pensée française : René Quinton vient d'être emporté à moins de soixante ans par une crise foudroyante d'angine de poitrine.

Rien ne pouvait faire prévoir tragédie aussi soudaine. Quinton était de ceux dont le physique et le moral semblaient pouvoir défier le temps. Toute sa vie n'a été que le merveilleux triomphe de la volonté au service d'une âme d'élite et c'est par surprise seulement que la maladie pouvait espérer le vaincre. Il s'en va et avec lui se termine une page magnifique où sont condensées en traits de feu toutes les caractéristiques du Français.

Quinton a été le fidèle compagnon de toute ma vie. Je le connus aux heures roses de la jeunesse ; ensemble, nous fûmes les hôtes émerveillés d'Athéna. C'était alors un enthousiasme de la forme et du rythme. Il " flaubertisait " avec une intransigeante passion et, comme le maître, s'épuisait au polissage de la phrase. Ses manuscrits de cette époque peuvent rivaliser par leur cryptisme avec les pages les plus surchargées de Flaubert. Il passait des semaines à mettre sur pied dix lignes et, jamais satisfait, les reprenait, les remaniait, finalement les déchirait, puis recommençait. Mais cette intelligence si rigoureuse, si parfaitement scientifique déjà, ne pouvait indéfiniment se satisfaire d'une vaine et illusoire poursuite. Un jour, je reçus une lettre où Quinton me disait : « C'en est fait ! Je jette mes cahiers au plus profond des tiroirs.

Sans doute n'en sortiront-ils plus jamais... J'entre chez Franck comme assistant au Collège de France. » Cette fois, la véritable vocation était trouvée.

Dès lors, la biologie va trouver dans ce jeune savant en marge des cénacles officiels, le plus étonnant des collaborateurs. Accueilli comme on l'est toujours quand on veut penser et agir librement, Quinton fonce et va de l'avant. L'origine de la Vie le passionne. Il voit dans la mer magnifique la matrice de toutes les espèces. Il en fait le milieu organique par excellence, l'animatrice de la cellule. Il pose la loi de constance thermique et ouvre la voie aux théories les plus fécondes. Mais ce cerveau merveilleux n'est pas celui d'une seule idée. Le Collège de France l'a mis en rapport avec Marey ; en Egypte déjà il avait, comme Mouillard, longuement interrogé le vol superbe des grands " gyps ", des vautours des wadis du Mokkattam et, immédiatement, se pose pour lui le problème du plus lourd que l'air. Il pousse ses études ; il proclame que le vol est non seulement possible mais réalisable et que le monde en sera transformé. Entre temps, il résoud des problèmes laissés sans solution par les plus illustres mathématiciens. Rien ne lui est étranger, rien ne lui est impossible. Tout ce qu'il touche, il le magnifie. Mais ce théoricien est doublé d'un réalisateur. Bien que vivant dans le monde surnaturel de la constante recherche, s'il plane, c'est pour chercher sur le sol un point où atterrir, atterrir pour donner à ceux qui peinent et souffrent la bonne nouvelle, pour les faire participer aux révélations bienfaisantes du dieu. A qui veut comprendre l'œuvre de Quinton, il faut aller visiter un de ces dispensaires marins, tel celui de la rue de l'Arrivée, à Montparnasse, qui voit, chaque jour, se renouveler le miracle, le miracle qui rend aux mères déjà en deuil l'enfant déjà dans le suaire et, à la Patrie, des milliers d'existences arrachées au tombeau par la volonté miséricordieuse d'un grand esprit annobli par un grand cœur. Là reprennent vie de lamentables petits êtres, déchets squelettiques, des gnomes informes produits de l'alcoolisme, de la syphilis et de la tuberculose, là, d'affreux vieillards de quelques jours n'ayant plus que quelques heures de survie redeviennent bébés superbes en avance sur les enfants les plus normaux. Quinton m'avait promis de venir cette année prêcher ici la parole de salut et continuer au Liban et en Syrie son apostolat. Hélas, celui qui a arraché à la mort tant de milliers d'existence n'aura même pas connu la vieillesse.

C'est qu'en vérité, cet organisme admirable pieusement penché sur la misère humaine, a prodigué sa vie avec la magnificence de la source coulant à pleins bords pour féconder les champs. C'est que ce savant était doublé d'un prodigieux combattant. Le propre de Quinton aura été avant tout et par dessus tout un Soldat, le Soldat en soi, le Soldat idéal, pétri par l'esprit de sacrifice, l'amour des saintes disciplines, de l'Ordre et de l'Obéissance. La Grande Guerre fit de lui un héros.

Parti capitaine d'artillerie, il revient lieutenant-colonel, commandeur de la Légion d'honneur et sa croix de guerre peut rivaliser avec celle des grands as de l'aviation. Les actions qui décrochaient les étoiles forment à elles seules une épopée. Il est des premiers sur l'Yser ; il y devient légendaire. Sous ses pieds, pierre à pierre, les batteries allemandes démolissent la Tour des Templiers mais ne peuvent rien contre lui. Imperturbable, il descend avec les assises du vieux monument, suivant le tir ennemi et réglant celui des siens.

71

Avec un seul canon valide, il s'installe au milieu d'un pont et, alors qu'il n'y a plus rien derrière lui, arrête tout un jour l'adversaire qui redoute quelque embûche. Il invente une méthode de tir qui garde son nom. On le voit à la terrible retraite du Chemin des Dames dans la Somme, à Verdun, mais c'est seulement la guerre finie qu'on le retrouve à Paris car pour lui il ne pouvait y avoir de " détente " tant que l'Allemand n'était pas bouté hors de France.

Effort prodigieux mais qui devait fatalement être durement payé. Quinton meurt de la guerre, de la guerre qu'il continuait dans la paix, prêchant la bonne croisade, voulant la suprématie aérienne de la France, animateur de cette Ligue nationale aérienne qu'il avait aussi fondée et dont il était le président, encourageant les inventeurs, de son autorité et de sa fortune, organisant épreuves et concours comme il avait créé de toutes pièces les premiers longs raids d'avions, celui, par exemple, de Daucourt et de Védrines volant, l'un de Paris au Taurus et l'autre de Paris au Caire, tout cela sans cesser une minute son œuvre d'assistance aux tout petits et son immense labeur scientifique. Si puissante qu'elle fut, la machine a cédé sous la pression et je ne retrouverai plus l'ami précieux dont les bras se refermaient si tendrement sur moi aux heures trop rares des retrouvailles.

Maintenant, dans l'incomparable musée que ce collectionneur informé de toute forme d'art avait constitué avenue Carnot, c'est le silence, une jeune femme en deuil et un enfant qui ne saura pas ! Mais, tout n'est pas dit. Il reste de Quinton une foule de travaux qu'il faut achever de mettre à jour, une correspondance de guerre qui est une manière de chef-d'œuvre, des pages sur la philosophie de la guerre où se retrouve le philosophe et le flaubertiste. A sa veuve, à ses amis de continuer dans le temps celui qui vient de partir. A la mémoire d'un homme de sa trempe, il faut non des larmes mais des œuvres !

Georges VAYSSIÉ.

La Vigie Marocaine, Casablanca (Maroc), 14 août 1925.

RENÉ QUINTON

J'ai connu, voilà quelque trente ans, à Oran, René Quinton qui vient de mourir. On était alors au début de l'aviation. René Quinton, qui s'était fait du vol un enthousiaste propagandiste, donnait des conférences et annonçait, pour très prochaine, la possibilité d'aller de Paris à Buenos-Ayres en avion.

Mais je ne veux pas vous parler, dans ce propos, de l'apôtre de l'aviation, mais de celui qui préconisa *l'eau de mer* dans le traitement des gastro-entérites.

Presque au même titre que les Pasteur, les Roux, René Quinton est un bienfaiteur de l'humanité. Son nom est resté ignoré de la foule, sa mort est passée presque inaperçue, la presse n'ayant consacré à Quinton que quelques lignes. Cet homme était un modeste ; jamais il n'occupa les tréteaux de la politique, ne se signala à l'attention publique par des excentricités ou des opinions anarchistes. Il demeura donc inconnu. Et pourtant, combien d'enfants lui doivent la vie. Tous les jours ne nous arrive-t-il pas, dans les anémies, dans les gastro-entérites, dans les fièvres typhoïdes, dans certaines affections de la peau, de nous servir du « Plasma de Quinton ».

L'application que René Quinton a faite de l'eau de mer en thérapeutique est le fruit de laborieuses et longues recherches.

Donnons un résumé des idées qui conduisirent Quinton à adopter l'eau de mer dans les affections que nous avons signalées plus haut :

Tout organisme vient d'une cellule. La cellule est un élément nécessairement aquatique.

Mais les eaux douces sont d'origine assez récente. Quand la vie animale est apparue, il n'y avait que la mer. Actuellement, elle cube encore quinze fois le volume du continent.

« Les mers seules, à l'exclusion des eaux douces, possèdent tous les représentants typiques de chaque groupe animal. Non seulement l'origine marine de tous les groupes animaux en résulte, mais encore le fait que leur évolution s'est effectuée presque tout entière dans les océans et dans les océans seuls. »

Tout organisme dérivant d'une cellule, il en résulte nécessairement que les cellules ancestrales des premiers organismes n'ont pu être que des cellules marines.

L'organisme animal est constitué par quatre groupes d'éléments :

1. Le *milieu vital*, ensemble des plasmas dans lequel baignent toutes les cellules organiques et qui leur fournit le milieu chimique propice à leur vie et les matériaux de nutrition ;

2. La *matière vivante*, qui est l'ensemble de toutes les cellules vivantes ;

3. La *matière morte*, d'origine vivante, qui est l'ensemble de toutes les productions cellulaires dont le rôle est purement physique ou mécanique ;

4. La *matière sécrétée* qui est le résultat de l'activité cellulaire en vue des besoins de l'organisme.

Ainsi, d'après Quinton, « l'organisme apparaît comme une masse de cellules fondamentales isolées l'une de l'autre, toutes situées au contact du milieu vital, soit qu'elles nagent dans la masse liquide de ce milieu, soit qu'elles se trouvent encastrées dans une des substances fondamentales intercellulaires qu'imbibe également le milieu vital, — ces deux masses inconsistantes soutenues par une charpente et un lacis d'éléments inertes, plus ou moins résistants, inextensibles et rigides, d'origine cellulaire, mais sans vie. »

Puisque l'organisme n'est qu'un aquarium marin, l'eau de mer introduite dans un milieu vital vicié doit renouveler le liquide de culture des cellules organiques, et donc accélérer la vitalité des cellules. Et, en effet, les injections quintoniennes ont donné des résultats inespérés dans la tuberculose, la syphilis, l'eczéma, l'anémie, la gastro-entérite. Il est prouvé aujourd'hui qu'on peut ainsi sauver la majeure partie des 70.000 enfants qui meurent, en France, de la gastro-entérite.

Dr Paul GIEURE.

Revue Anthropologique, septembre 1925.

RENÉ QUINTON

René Quinton est mort le 9 juillet 1925. Comme l'a dit M. Paul Painlevé devant son cercueil, « on pouvait se rebeller contre cette sorte d'esprit dominateur qui émanait de toute sa personne, on pouvait, au contraire, aimer passionnément tout ce qu'il y avait de généreux et de créateur en lui, mais personne ne pouvait lui être indifférent. » Aussi suscita-t-il, ici comme ailleurs, dans la controverse scientifique, des admirateurs passionnés et des adversaires résolus. Mais ce que les uns et les autres s'accordent à reconnaître, maintenant que la mort a placé sa personnalité dans le recul nécessaire à un jugement objectif, c'est la force de projection de cette vaste intelligence qui s'exerça dans des domaines très différents.

Dans son extrême jeunesse, Quinton représenta un potentiel si élevé qu'il devenait impossible de lui donner une réalisation complète, et ses spéculations, si remarquables soient-elles, demeureront, après leur publication, très en dessous du rêve de grandeur qui avait animé sa vie. Comme il ne concevait que des sommets, il ne pouvait toujours y atteindre ; aussi sa critique, implacable pour lui-même, laissa-t-elle souvent dans l'ombre des travaux dont toutes les parties ne pouvaient correspondre à une si haute conception. Le spectacle de son existence intellectuelle eut un tel rayonnement sur son entourage, qu'il alluma chez des esprits destinés à demeurer obscurs, l'étincelle qui leur permit, non seulement d'atteindre la notoriété, mais de rayonner eux-mêmes sur tout un public. C'est ainsi que l'œuvre de Quinton dépasse son individualité. Il agissait sur ses contemporains à la façon d'un ferment et cette qualité s'est développée d'une manière plus tangible pendant la guerre, pour entraîner dans un élan magnifique le groupe d'artillerie qu'il commanda.

Il est difficile de situer Quinton dans un cadre professionnel. Etait-il un savant? Non, s'il faut désigner par ce nom l'homme dont la carrière s'accomplit, avec un grand mérite dans l'acquisition de nos connaissances à l'effet d'en augmenter le volume. Oui, si ce vocable accepte dans les limites de sa définition l'animateur de la pensée qui, par des hypothèses audacieuses, aborde les grands problèmes biologiques. Quinton se servit peu du travail d'autrui et ce fut surtout par une méditation profonde sur des faits qu'il parvint à formuler des lois. Dans la préface de l'*Eau de mer, milieu organique*, n'écrit-il pas : « Pour déterminer la valeur de la conception, la critique devra, non pas arguer de notions anciennes ou dogmatiques, mais porter simplement sur chacun de ces cinq faits en particulier. »

L'eau de mer, milieu organique, fut le seul livre qu'il publia. Il y détermine le système sur lequel, selon lui, repose la vie organique : constance marine, constance thermique, constance osmotique sont les fragments d'une loi générale de constance originelle que Quinton rédige ainsi : « En face des variations de tout ordre que peuvent subir au cours des âges les différents habitats, la vie animale, apparue sur le globe à l'état de cellules dans des conditions physiques et chimiques déterminées, tend à maintenir à travers la série zoologique, pour son haut fonctionnement cellulaire, ces conditions des origines. »

A l'occasion de ce livre paru en 1904, s'élevèrent de savantes disputes. Certains voulurent y voir comme une réplique aux théories de l'Evolution. Ce qu'il apporte en effet de nouveau, c'est la tendance de chaque série animale qui, en dépit de ses transformations, s'efforce de conserver, même par des artifices, les conditions biologiques originelles. Son auteur poussa sa démonstration jusqu'à des applications thérapeutiques d'eau de mer, qui devaient placer les cellules vivantes dans leur milieu primitif.

74

Par les soins de Lucien Corpechot, son parent et son ami, paraîtra prochainement une étude de Quinton se rapportant à l'Anthropologie et dont il m'entretint peu de temps avant de mourir. Voici, pour plus de précisions, deux lettres de lui sur ce sujet, communiquées par le Dr Jarricot :

Paris, le 21 janvier 1922.

« Il y a vingt ans, j'ai pensé que l'indice céphalique serait susceptible de prouver l'origine négroïde de l'homme. En effet, l'indice du nègre varie de 67 à 76. Tous les blancs sont brachycéphales auprès de lui. J'avais donc émis l'hypothèse que le nouveau-né des races blanches devait naître dolichocéphale, puis devenir brachycéphale au cours de son développement.

« Les livres consultés m'ont fait abandonner ce point de vue, l'indice céphalique étant fixe, d'après les auteurs, de la naissance à l'âge adulte. Or, il n'en est aucunement ainsi. Je classe en ce moment mes indices céphaliques. L'enfant naît nettement dolichocéphale avec un indice inférieur de 6,8 ou 12 unités à celui de sa mère. Au cours des premiers mois de la vie, son indice monte de 7,8 ou 12 unités. Voilà du moins ce que j'observe dans plus de la moitié des cas... »

Paris, le 3 mars 1922.

« L'enfant de race blanche brachycéphale naît, quant à l'indice céphalique, indépendant de ses parents et indépendant de sa race. Sur un graphique que je pourrais vous envoyer, j'échelonne les indices céphaliques de la mère de 92 à 82. Cela donne une ligne de descente continue. Sous chaque indice maternel, je situe à sa place sur l'échelle l'indice de l'enfant. La courbe des indices des enfants est horizontale.

« Je n'ose pas vous dire encore que cette courbe des enfants reste horizontale, lorsque l'indice des mères descend au-dessous de 82 et jusqu'à 72. C'est ce que je voudrais démontrer, mais j'ai trop peu de dolichocéphales pour donner ce résultat comme acquis. C'est ce qui ressort cependant de mes observations actuelles ; mon graphique donne une figure en X formée, d'une part, par la ligne horizontale des enfants à la hauteur moyenne de 78, d'autre part par la ligne en pente des mères commençant à 92 et aboutissant à 72.

« Bien mieux, l'indice des enfants paraît se relever quand l'indice de la mère descend au-dessous de 78. Il semble monter à 80 et 81.

« Il me paraît indispensable de me rendre en Corse où je pourrais observer des mères à 75, 73 et même 71. Si, comme je le pense, les enfants naissent avec l'indice de 78, cela donnerait à penser que la race blanche descend d'une race commune dont l'indice moyen, à un moment de son existence, était de 78.

« Ne croyez pas que la forme du crâne, chez le nouveau-né, résulte de la déformation due à l'accouchement. Comme de nombreux auteurs l'ont démontré, cette déformation est passagère, et, en deux jours, le crâne a repris la forme considérée comme normale ; mais dans les jours qui suivent, le crâne tend vers la dolichocéphalie. L'indice tombe de 2 à 7 unités du deuxième au quatorzième jour. Chez les prématurés, au contraire, l'indice semble ne pas bouger, puis se mettre à tomber au bout de quinze jours ou de trois semaines, au moment où il détermine le neuvième mois après la conception.

« Si l'observation confirme ce dernier point, j'aurai la preuve que la déformation due à l'accouchement est négligeable et que l'évolution de l'indice relève de causes internes, et non de causes mécaniques... »

Seuls, le temps et les progrès des sciences donneront une sanction à ses formules scientifiques. Mais la figure de Quinton apparaît déjà grandie par la mort, signe que son œuvre lui survivra, pour servir de point d'appui aux générations de travailleurs qui méditeront sur ces questions.

Raymond DE PASSILLÉ.

Seine-et-Marnais, Melun, 24 octobre 1925.

CHAUMES. — *Conseil municipal.* — Le vendredi 9 octobre, le Conseil municipal s'est réuni en séance extraordinaire, à 20 heures, sous la présidence de M. Charles Barbier, maire.

M. le Maire donne la parole à M. H. Gilson, qui a été chargé, par la Société des Briards de Paris, de demander à la municipalité de Chaumes-en-Brie, un emplacement pour un monument à ériger à la mémoire de René Quinton, grand savant, né à Chaumes-en-Brie.

Le Conseil, à l'unanimité, prend la décision suivante, que M. Gilson sera chargé de communiquer à la Société des Briards de Paris : « La municipalité de Chaumes-en-Brie, très sensible à la généreuse initiative de la Société des Briards de Paris, destinée à honorer un de ses enfants, offre comme emplacement du monument René Quinton le champ de foire, étant bien entendu que, si la place exacte choisie par les organisateurs de la souscription, gêne l'emploi du terrain actuellement affecté aux jeux de foot-ball, les souscripteurs feront leur affaire personnelle d'aménagement sur le champ de foire, en accord avec la municipalité, d'un autre terrain propice à l'exercice du foot-ball.

Revue de Métaphysique, décembre 1925.

RENÉ QUINTON (1866-1925)

René Quinton est mort prématurément le 9 juillet dernier, à 58 ans.

Il était de la race des héros ; il en avait la volonté inflexible, la noblesse d'âme, l'imperturbable confiance en soi, l'audace, la rudesse.

Mais l'intransigeance de ses convictions personnelles ne l'empêchait nullement d'admettre les convictions d'autrui pourvu qu'elles fussent hautes et qu'elles fussent sincères. Rien n'était même plus touchant que les liens d'amitié tendre, d'une amitié capable de tous les dévouements, inaltérable jusqu'à la mort, qu'il avait noués avec des hommes dont il ne partageait pas toutes idées, mais dont il savait qu'en eux brillait aussi la divine flamme. Cette flamme fut l'inspiration de toute sa vie, de sa vie de savant où il déploya quelques-uns des plus beaux dons de l'inventeur, de sa vie d'homme d'action où il déploya les rares vertus de la générosité d'un grand cœur.

76

Comme tous les inventeurs, il était l'homme d'une idée. Cette idée, les lecteurs de la *Revue* la connaissent ; elle y a été exposée par Jean Weber en 1905 dans un article sur les théories biologiques de Quinton et par Quinton lui-même dans une séance de la Société française de Philosophie où furent discutées les principales thèses de son grand ouvrage sur *L'eau de mer, milieu organique*, et *Les lois de constance originelle*.

A peine conçue, avec son tempérament de réalisateur, Quinton eut vite fait d'en déduire les applications pratiques, et pas plus qu'il ne doutait de la valeur absolue de sa découverte, il ne douta du succès de la thérapeutique à laquelle elle l'avait conduit. En dépit du scepticisme ou des résistances auxquels se heurtait la nouveauté du traitement, il osa tenter cette médication nouvelle. Avec sa foi d'apôtre, il ouvrit à ses frais des dispensaires, il s'en fit l'animateur, forma des infirmières, leur insuffla sa flamme et il eut la joie de ressusciter des milliers d'enfants moribonds.

C'est également sa théorie biologique où l'oiseau devient le roi de la création qui le conduisit à l'étude du vol et fit de lui un des promoteurs de l'aviation. L'un des premiers, de son regard prophétique, il en annonça le prodigieux développement. Cette fois encore, il fut traité de visionnaire et ses visions sont devenues les réalités d'aujourd'hui.

Ce n'est pas le lieu de dire ici le soldat et le chef qu'il fut pendant la guerre ni l'intrépidité avec laquelle il brava tant de fois la mort. Il se croyait invulnérable, et la mort, qui l'avait respecté durant le grand carnage, est venue le frapper, avant l'heure, dans le plein de sa maturité et de son travail. Quoique soudaine, elle ne l'a cependant pas surpris, et cet homme qui aimait passionnément la vie, a regardé la mort en face, sereinement, stoïquement, avec toute la lucidité de son intelligence, égal à lui-même jusqu'à la dernière minute.

Il laisse une famille à peine fondée et une œuvre inachevée. Pour l'une et pour l'autre, la perte est irréparable, mais il restera de Quinton une trace et des souvenirs qui ne s'effaceront pas.

Il fut un de ces rares élus dont on peut dire qu'ils ont honoré la science, leur pays et l'humanité.

Xavier Léon.

Le Parthénon, janvier 1926.

LE COLONEL RENÉ QUINTON

Peut-être est-il bien tard pour parler encore de lui. Car c'est le 9 juillet dernier que la Ligue nationale aérienne a perdu son président-fondateur. A ce moment, on a consacré des articles à ce qu'il a fait pour l'aviation, pour la science, pour la médecine, pour la philosophie. Mais je n'ai pas vu qu'il ait été question de ce qu'il a été comme officier. Moi-même, à ce moment, étant loin de Paris et averti trop tard, je n'ai pu montrer le rôle qu'il a joué, sinon pendant toute la guerre, du moins au début de la campagne, dans la période de cinq mois au cours de laquelle je l'ai vu à l'œuvre, ce qui m'a permis d'apprécier ses défauts, fort gênants pour ses chefs, et ses qualités, qui étaient de premier ordre.

Aujourd'hui, ayant sous la main ma documentation et — en particulier — les nombreuses et très remarquables lettres que j'ai reçues de lui, je peux retracer l'aspect général de sa physionomie assez particulière et digne d'être présentée à ceux qui l'ont connu dans la paix. Le danger change beaucoup d'entre nous. En sa présence,

Le masque tombe, l'homme reste,
Et le héros s'évanouit.

Au contraire, en 1914, c'est un héros qui s'est révélé en la personne du capitaine Quinton.

Il n'était, en effet, que capitaine lorsque j'ai fait sa connaissance, le 2 août 1914, à Athies-sous-Laon, où se mobilisait la batterie de 75 qu'il commandait (la 41ᵉ du 29ᵉ d'artillerie de campagne) et qui faisait partie des deux groupes placés sous mes ordres.

Je n'ai pas eu grand peine à constater qu'il était assez peu artilleur. Il sortait de la cavalerie, et il avait conservé quelque chose de l'esprit et des allures de cette arme. Il n'avait pas l'exact sentiment de ce qu'est la nôtre, dans laquelle il avait été versé contre son gré, je crois. Il était toujours prêt à se lancer à la charge et à brandir son sabre. Il avait de l'impétuosité et de l'audace. Il était constamment dans le « mouvement en avant », comme disent les gens de cheval. Et je m'en suis réjoui plus tard, quand j'ai trouvé chez certains de mes subordonnés, au feu, une tendance au mouvement en arrière.

Mais notre division n'a été engagée que le 28 septembre (sauf devant Amiens, le 29 août), et, pendant les premières semaines, j'ai eu à me défendre contre les tentatives du fougueux capitaine pour se substituer à moi. Il avait été un peu surpris, je pense, de me trouver ignorant de sa personnalité. En effet, je connaissais bien le sérum à l'eau de mer, mais je ne savais pas qu'il en était l'inventeur, et son aspect n'a pas fait naître dans mon esprit l'idée qu'il pût être le biologiste et le philosophe de qui j'avais entendu parler.

Quant à son rôle dans les Ligues aéronautiques, il était tout naturel que je n'en eusse pas la moindre notion. Car, à cette époque, je n'attachais aucune importance aux questions de navigation aérienne. Il a fallu la guerre pour m'éclairer sur cette importance et me convertir au culte de l'aviation.

Le capitaine Quinton tint à me montrer, dès le début de nos relations, que je n'avais pas affaire au premier venu. Il était autoritaire. Il avait un tempérament dictatorial. Il se mit en tête de m'imposer ses volontés, non sans adresse, et avec beaucoup d'esprit de suite. Il m'apportait des ordres de son crû, qu'il me demandait de signer, sans passer par son commandant de groupe, c'est-à-dire par son chef hiérarchique, que les règles de la discipline l'obligeaient à prendre pour intermédiaire.

Une des plus grandes difficultés du commandement, à mes yeux, est d'imposer à ses collaborateurs la dure règle de l'obéissance, sans pourtant détruire l'initiative, laquelle n'est souvent, quoi qu'on en puisse dire, qu'une forme intelligente de la désobéissance.

J'eus beaucoup de mal à amener Quinton à se plier au devoir de la subordination et à me soustraire à l'emprise qu'il prétendait exercer sur moi. De mes six capitaines, il est certainement celui qui a mis à l'épreuve la plus rude ma patience, ma fermeté et ma diplomatie. J'aurais été désolé si ses cinq camarades avaient été du même acabit. Mais je n'aurais pas été moins désolé s'il m'avait quitté, car il m'a rendu des services exceptionnels, surtout à partir du moment où nous avons pris, pour ne plus le quitter, le contact avec les ennemis.

A la vérité, nous nous étions déjà rencontrés avec la cavalerie de von Marwitz devant Amiens, le 29 août, comme je l'ai dit. Et, ce jour-là, la 41e batterie fut la première de toute mon artillerie — et même la seule — à ouvrir le feu. Hélas ! les cinq obus qu'elle lança étaient dirigés sur des tirailleurs marocains ; mais, par bonheur, ils avaient été si mal lancés qu'ils n'atteignirent pas le but, de sorte que, s'ils ne firent aucun mal aux troupes adverses, ils n'en firent pas davantage aux nôtres.

Dès que notre division arriva sur le front, Quinton montra une telle ardeur, un tel désir de se distinguer, un tel courage, qu'il se fit remarquer de tout le monde, et d'autant plus qu'il cessa bientôt de rester dans le rang. Le besoin presque maladif qu'il éprouvait de s'exposer le poussait en avant des autres. Il combattait « en enfant perdu », comme disaient les tacticiens d'autrefois.

Son chef d'escadron ne demandait pas mieux que de laisser un subordonné aussi peu maniable se soustraire à son action et agir indépendamment. De mon côté, j'étais enchanté d'avoir quelqu'un à employer aux missions périlleuses, et qui, loin de s'y prêter de mauvaise grâce, mettait une sorte de volupté à s'offrir au risque et qui faisait, de bon cœur, plus qu'on ne lui demandait.

J'en donnerai un exemple qui me paraît on ne peut plus caractéristique.

Nous étions devant Nieuport au début de novembre, et le quartier général de Doullens nous pressait de faire passer des canons sur la rive droite de l'Yser. Je ne montrais aucun enthousiasme à déférer à ce désir, me doutant bien que, si j'aventurais des pièces au nord de ce cours d'eau, elles ne tarderaient pas à être ramenées au sud. Je faisais remarquer que, d'ailleurs, elles feraient d'aussi bonne besogne en deçà des ponts qu'au delà, en même temps qu'elles se trouveraient moins exposées.

Il me fut répondu que le G. Q. G. tenait à ce que le communiqué pût annoncer que notre artillerie avait franchi l'Yser, et je reçus l'ordre ferme de donner satisfaction à ses volontés. Naturellement, ce fut Quinton que je désignai pour cette mission, et, le matin du 10 novembre, j'allai reconnaître avec lui la position que sa batterie viendrait occuper le soir, alors que l'obscurité masquerait ses mouvements. Il fut entendu que la batterie s'établirait contre le redan appuyé à la rive.

Quand, le 11, au lever du jour, j'allai voir ce qui s'était passé pendant la nuit, la batterie était bien à l'endroit convenu, sauf une pièce et deux caissons, que le capitaine avait emmenés et installés en plein milieu de Lombartzyde, village situé à 1.500 mètres environ en avant du point fixé.

Je m'y rendis et trouvai la pièce tout à côté de l'église, qui était violemment bombardée. Un obus de 105 éclatant près de nous nous aplatit contre le mur d'une maison. Tout étourdis et assourdis par la détonation, nous entrâmes dans cette maison pour nous ressaisir. Et là, Quinton me remit plusieurs feuillets arrachés à un carnet commercial qu'il avait dû trouver dans quelque boutique du village, et sur lesquels il avait rédigé son rapport sur les événements de la nuit. J'ai sous les yeux ces feuillets qui sont encore tachés de sang (car, sans nous en douter, nous avions été atteints — égratignés, plutôt que blessés — par de minuscules éclats), et je transcris ce qui y est crayonné en petits caractères serrés, nets et nerveux :

« Depuis la communication que je vous ai envoyée hier par le lieutenant André, datée de 18 h. 20, j'ai continué le tir jusqu'à 19 h. 1/2 sur la route de Westende, avec une hausse de 600 à 1000 mètres. Un de nos coups éclatant sur la route a dû toucher la pièce d'artillerie allemande. Le lieutenant d'infanterie du 12ᵉ a vu nettement, dans la lueur de l'éclatement, des hommes se profiler et se sauver. J'avais vu de même, dans la lueur de l'éclatement allemand, mes chevaux se cabrer...

« A 19 h. 1/2, j'ai fait atteler par attelage, et dans le plus grand silence possible, le canon. Mais, comme nous n'étions qu'à 300 mètres de la tranchée allemande, nous avons été entendus, et les balles ont commencé à siffler sur nous. Nous avons pu faire les 400 mètres qui nous séparaient du coude de la route, sans avoir, je crois, un cheval blessé.

« Le feu a pris rapidement une grande intensité et a duré deux heures avec une extrême violence.

« Vers 21 heures, les balles pleuvaient avec une telle force à côté de nous que j'ai craint une contre-attaque allemande victorieuse.

« A 21 h. 15, soixante hommes sont passés en débandade devant moi. Ils quittaient les premières tranchées, faute de munitions. Je les ai ramenés à leurs tranchées où je ne les ai quittés qu'une fois descendus. J'ai envoyé à cheval le maréchal des logis Hun demander au colonel Amyot des munitions coûte que coûte.

« Deux mitrailleuses se trouvant sur mulet, sans officier, je les ai fait mettre en batterie. J'en ai placé une dans la grande rue, en cas d'abandon des tranchées, face au nord-est, c'est-à-dire à Westende. Ayant vu un chef de bataillon, j'ai placé l'autre face à l'est, sur la route de Schadde-Buys qui était fortement menacée.

« Les premiers ravitaillements en munitions arrivant, je les ai conduits aux extrèmes tranchées sur Westende, que les Allemands arrosaient fortement sans qu'on leur répondît.

« J'ai appris là que la moitié des hommes que j'avais ramenés une heure auparavant étaient repartis. J'ai fouillé les maisons et remis la main sur vingt hommes.

« Vers 22 h. 1/2, accalmie.

« Vers 23 h. 1/2, feu intense et nouvelle débandade de nos hommes. Je fais placer un fauteuil au milieu de la rue et je m'y assieds. Aucun n'a passé. J'ai fait ainsi la police pendant les deux heures qu'a duré la fusillade intense. »

Je ne sais quel effet ces lignes peuvent produire aujourd'hui sur le lecteur. Mais j'avoue que, les lisant sur place, alors que les obus continuaient de s'acharner sur le village, je ne me suis pas senti le courage de reprocher au capitaine Quinton d'avoir transgressé mes ordres, d'être venu s'établir *à découvert* à 300 mètres des lignes ennemies, d'avoir exposé ainsi follement son matériel (et, de fait, les Allemands se sont emparés de l'un des caissons) et d'avoir fait un métier qui, à proprement parler, n'était pas le sien, puisqu'il a substitué son autorité à celle des officiers d'infanterie.

Loin de le blâmer, je l'ai félicité, et de tout cœur. Car je n'ai pu m'empêcher de l'admirer.

Et mon admiration a redoublé quand je l'ai retrouvé l'après-midi avec sa même pièce qu'il servait lui-même avec un sous-officier et deux hommes, alors qu'il eût dû employer six canonniers à cette manœuvre.

Il lui a fallu enfin, l'infanterie s'étant laissé déborder, se résigner à repasser l'Yser sur le pont de bateaux construit par le génie. Il s'y est engagé avec sa pièce, sous le poids de laquelle les planches du tablier ont cédé. La voiture est tombée à l'eau avec ses six chevaux et ses conducteurs, qui ont été noyés. Quinton, qui était tombé, lui aussi, a pu être repêché. Et sa mésaventure ne l'a pas calmé. Il a continué à montrer la même belle ardeur... et la même impatience du joug hiérarchique.

Il n'avait pas un tempérament de soldat discipliné. Mais il avait une âme de héros.

Lieutenant-Colonel Emile MAYER.

L'Animateur des Temps Nouveaux, 2 avril 1926.

UNE MINUTE D'ENTHOUSIASME POUR RENÉ QUINTON

Pour élever un monument à la mémoire de René Quinton,
un Comité s'est formé en dehors de toute politique.

Président d'honneur : Paul PAINLEVÉ.
Vice-Président d'honneur : Laurent EYNAC.
Président du Comité actif : Maréchal FRANCHET D'ESPÉREY.

On a créé, au lendemain de la guerre, l'émouvante minute du silence.

Pourquoi ne créerions-nous pas, maintenant, la rare minute d'enthousiasme?

Les politiciens nous ont si souvent imposé les heures immondes de la haine.

Au seuil du comité d'exécution du monument

à René Quinton

la politique s'est arrêtée. La composition très « union sacrée » des comités honoraire et actif en est une preuve éclatante : Painlevé, Eynac, Maréchal Franchet d'Espérey.

Voilà un trio de noms, émouvant comme la vie de celui que nous pleurons et admirons, car cette vie touche à l'épopée.

« Personne, dit Maurice Barrès, ne m'a donné l'impression du génie comme Quinton. »

En effet, après avoir préludé, comme Claude Bernard, par de petites comédies aux plus hautes découvertes, il devint l'homme d'une grande pensée.

Théorie. — 1. Nous sommes dominés par les *lois de la constance originelle.* 2. Cette constance se retrouve à travers les âges *dans l'eau de mer, milieu organique.*

Pratique. — D'où une thérapeutique nouvelle par *l'injection d'eau de mer* qui, grâce au dispensaire de Quinton, *rendit la santé à des milliers d'enfants moribonds.*

Autre application. — La théorie biologique de *l'oiseau, roi de la création,* le conduisit à l'étude du vol et au lancement de l'aviation. *Il créa la Ligue nationale aérienne.*

La guerre vint et il fut un héros « toujours en avant, comme un enfant perdu ».

A Westende, pendant la bataille de l'Yser, ayant placé son canon à 300 mètres de la tranchée allemande, il s'assit sur un fauteuil, au milieu de la rue, parmi la fusillade, pour empêcher les hommes de fuir ; et il réussit.

La Camarde, qu'il avait domptée pendant la paix et narguée pendant la guerre, allait se venger au retour, et l'enlever, à cinquante-huit ans, l'arrachant à une famille à peine fondée et à une œuvre inachevée. Ce fut une perte irréparable pour le pays.

Par bonheur, son œuvre demeure, et sa vie exemplaire sera prochainement commémorée.

Devant son nom, la politique enfin s'arrête. C'est qu'il est de ceux qui ont à la fois servi : l'Idéal et la Science, la France et l'Humanité. Preuve magnifique que ces mots ne s'opposent pas.

La leçon ne valait-elle pas une minute d'enthousiasme?

Messieurs les Gouvernants, si vous voulez relever le moral du pays, cultivez la minute d'enthousiasme.

José GERMAIN.

Bulletin de la Croix-Rouge Française, juin 1926.

RENÉ QUINTON ET LE TRAITEMENT PAR LES INJECTIONS D'EAU DE MER

René Quinton, inventeur du traitement par les injections d'eau de mer est mort le 9 juillet 1925. Avec lui, la France a perdu un savant, un grand soldat, une âme ardente et désintéressée, constamment rayonnante d'une flamme noble et généreuse.

Les hommes parmi lesquels il a vécu, les infirmières qui ont eu l'honneur de travailler sous ses ordres, ceux qui l'entourèrent sur les champs de bataille de la guerre et de la vie ont perdu en lui un animateur.

L'HOMME

Il n'est pas indifférent, pour ceux qui étudient une méthode d'en connaître le créateur, de savoir aussi comment elle fut découverte.

Toute la vie de René Quinton fut une leçon d'énergie. Battre un record obscurément, individuellement, se donner à lui-même une preuve d'endurance, furent les joies de sa vie d'enfant dans la petite maison de Bourgogne où, par les nuits d'été, il observait passionnément les astres, s'absorbant dans ses études, le jour, ou au contraire, se livrant à des exercices exagérés, portant en soi déjà ce goût du risque qui faisait dire plus tard à un médecin, chef respecté et esprit clairvoyant : « Quinton devait être un héros : c'est un homme qui se plaît à vivre dangereusement. »

Écrivain sobre et toujours tourmenté, comme Flaubert qu'il admirait tant, du souci de la perfection, pureté de la forme et scrupule de l'expression juste, il laisse parmi d'autres œuvres des maximes incisives et fortes inspirées par la guerre et qui seront prochainement publiées.

Son nom est justement associé à cette navigation aérienne dont il fut chez nous le promoteur ; les événements de 1914 ne devaient pas tarder à en démontrer toute l'impérieuse utilité. Cette question de l'aviation ne serait pas ici dans son cadre et nous ne l'aborderons pas. Elle a, par son importance, entravé la carrière scientifique de René Quinton qui se préoccupait alors d'une autre découverte dont il n'aura pas connu la gloire. Mais déjà il avait, dans une série de communications à l'Académie des Sciences et à la Société de Biologie fixé ses " lois de constance " et appliqué le traitement marin par injections hypodermiques dans les maladies du tube digestif, l'athrepsie, l'anémie, les affections cutanées, etc. ; déjà il avait publié son livre : *l'Eau de Mer, Milieu Organique*, résumé de sa doctrine et qui devait apporter dans l'histoire des races animales des documents nouveaux.

LA FIN

Vint la guerre. René Quinton partit comme capitaine de réserve ; il devait revenir lieutenant-colonel avec cinq palmes, deux étoiles, sept citations. Après avoir étonné de son courage et de ses exploits ses chefs, ses pairs et ses soldats en un temps où la bravoure cependant était devenue habituelle.

Il avait eu de belles heures et connu des joies hautes. Il lui restait à apprendre le bonheur de fonder un foyer. C'est après l'avoir connu pendant trois ans qu'en plein bonheur, en pleine force, en pleine activité, à cinquante-huit ans, il dut y renoncer. La mort brutale et douloureuse l'atteignit sans le courber, sans l'avoir abattu, en pleine connaissance dans toute sa sérénité. Elle fut pour les assistants un grand exemple et devait rester pour eux un cruel et admirable souvenir.

LE TRAITEMENT PAR LE PLASMA

« Vous continuerez le travail après moi », fut la dernière recommandation de René Quinton à ses compagnons, à ses collaboratrices. Gœthe en mourant demandait de la lumière. René Quinton ne demandait rien. Stoïque et calme, il priait seulement ceux qui l'assistaient — ou qu'il assistait — « de ne pas laisser tomber le flambeau ».

83

Ainsi parlait-il aux médecins, aux infirmières. Car nul n'estimait mieux que lui et ne plaçait plus haut le rôle de ces ouvrières de la guérison. « L'infirmière, disait-il, est l'âme d'un dispensaire et sans elle nous ne pourrions rien. Elle est l'interprète qui comprend et qui fait comprendre, elle est celle qui devine, qui obtient et qui exécute. »

Pour ces soignantes obscures, douces et laborieuses, nous résumerons à grands traits la méthode par les injections d'eau de mer et ses applications.

Marguerite DREYFUS.

84

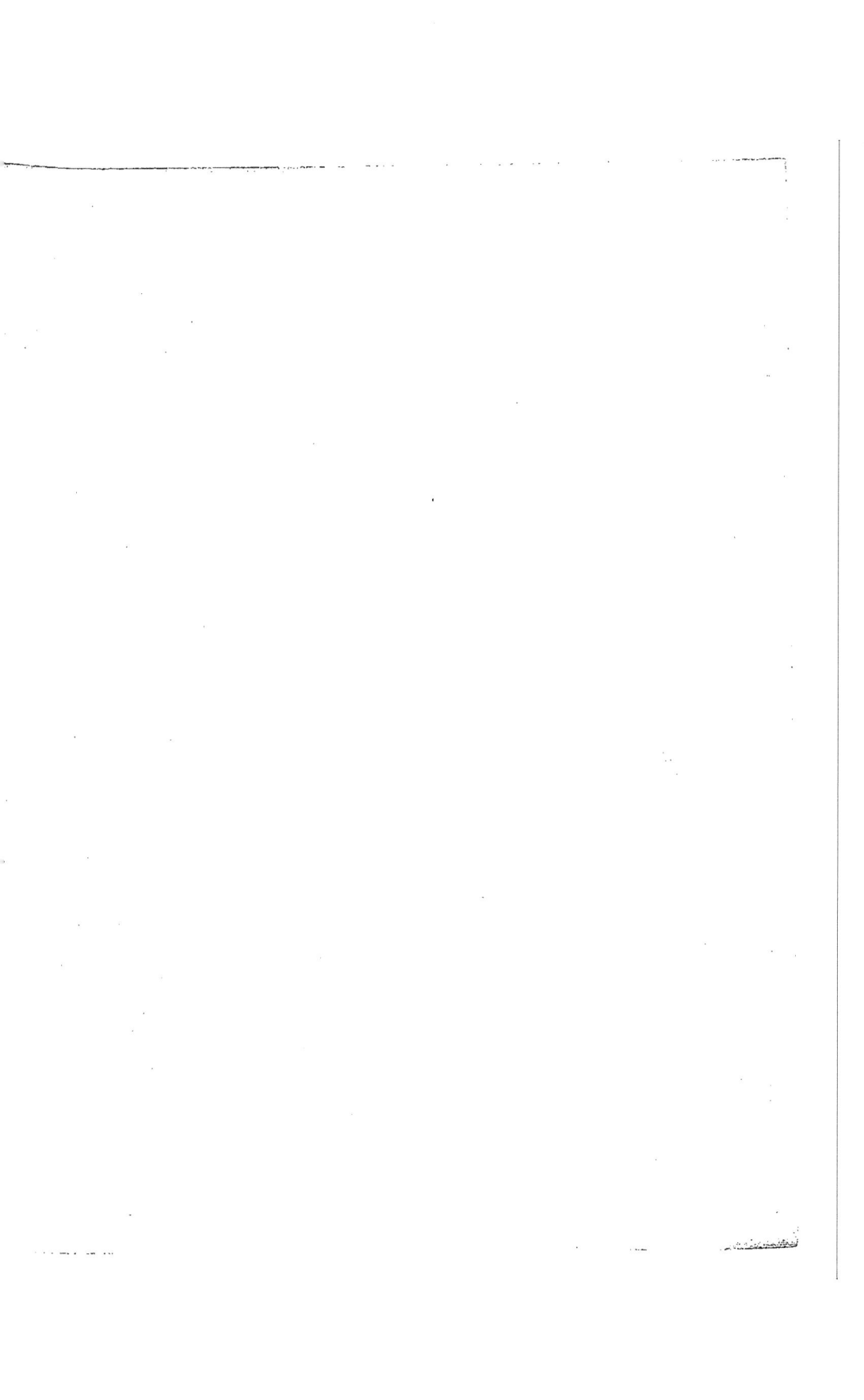

Achevé d'imprimer
le 9 Juillet 1926
par
H. Baguenier Desormeaux et Cie
10, Rue Dupetit-Thouars
Paris (3e)

www.ingramcontent.com/pod-product-compliance
Lightning Source LLC
Chambersburg PA
CBHW050554210326
41521CB00008B/969